茶叶机械化加工技术详解

郑　杰　李　杰　蒋双丰　主编

河南科学技术出版社
·郑州·

图书在版编目（CIP）数据

茶叶机械化加工技术详解 / 郑杰, 李杰, 蒋双丰主编. -- 郑州 : 河南科学技术出版社, 2025. 6. -- ISBN 978-7-5725-1979-6

Ⅰ. TS272.4

中国国家版本馆CIP数据核字第2025WW4022号

出版发行：河南科学技术出版社

地址：郑州市郑东新区祥盛街27号　　邮编：450016

电话：（0371）65737028　65788631

网址：www. hnstp. cn

出 版 人：乔　辉

策划编辑：陈淑芹

责任编辑：田　伟

责任校对：刘逸群　张萌萌

封面设计：张德琛

责任印制：徐海东

印　　刷：河南省诚和印制有限公司

经　　销：全国新华书店

开　　本：787 mm × 1 092 mm　1/16　印张：8.5　字数：160千字

版　　次：2025年6月第1版　2025年6月第1次印刷

定　　价：39.80 元

本书编委会

主　　编　郑　杰　李　杰　蒋双丰

副主编　梁成强　段　斌　赵丰华　童俊丽
金开美　易　超　冯　雨　杨　洁

编写人员（按姓氏笔画排序）

马　健　马汉云　王　芳　王　轲
付群英　冯　雨　吕　未　任钛钰
孙从宝　李　杰　李　潮　李俊玲
杨　洁　邹　俊　宋　琪　陈志云
易　超　金开美　郑　杰　赵丰华
赵海力　段　斌　党永超　黄钲荃
梁少茹　梁成强　董　慧　蒋双丰
童俊丽　詹强国　蔡一鸣　魏志文

前　言

中国是产茶大国，具有悠久的茶叶加工历史。早在唐代，我国茶叶加工技术已经处于世界领先水平。在各个行业高速发展的今天，随着一系列先进科学技术和设备的应用，传统茶叶加工技术已经不能够适应现阶段对高品质茶叶的需求，因此，我们需要加强对茶叶机械化加工技术的革新，在保证茶叶品质的同时，提高茶叶的生产效率。

19世纪之前，中国在世界茶叶贸易上一直占据主导地位。然而，19世纪末至20世纪，从1780年才开始种茶的印度由于受到工业革命的影响，茶叶机械涌现，带动了茶叶品质和生产效率的快速提升，其茶叶产量和出口量很快追赶上中国。直到21世纪初，我国才再次成为世界最大的产茶国。茶叶加工机械化在茶叶产业中扮演着极为重要的角色。我国茶叶加工机械化起步于20世纪50年代，随着中国科技的进步，茶叶机械行业迅速发展，推动了茶产业的发展。2000年前后，我国的大宗茶和大部分名优茶加工已基本实现了机械化，茶叶生产的连续化、清洁化、标准化和自动化成为发展主流。

2017年，河南省委一号文件明确提出“四优四化”：要“以农业供给侧结构性改革为主线，发展优质小麦、优质花生、优质草畜、优质林果，促进农业布局区域化、经营规模化、生产标准化、发展产业化”。2018年，豫南山区的区域特色农产品——茶叶，被纳入“四优四化”中。茶叶作为豫南地区优势特色作物，紧密契合目标，而茶叶机械化加工是“四化”中生产标准化的重要抓手和有效体现。

我国茶叶加工过于注重手工制作工艺，每种茶的色香味形都有不同要求。由于过度追求品质特色，我国茶叶产品种类繁多，茶叶品种难以计数。这样做的弊端日益突出：不利于标准化加工技术的推广和普及；零散加工不利于规模化生产和公共品牌创建；传统手工制作不利于产品质量的稳定；不利于市场的规范和管理。

本书立足国内茶叶加工的现状，尤其是河南地区生产茶类的情况，主推茶叶机械化加工，从而实现茶叶加工和品质的标准化。书中分章节介绍了各大茶类加工的技术原理和通用技术，着重介绍了河南省主要茶类的机械化加工技术，并优选了相关配套的机械设备、产品特性和操作方法，旨在推广茶叶机械化生产标准化技术，从而更好地解放劳动力，提高生产效率，降低生产成本，解决好茶产品多元化和品质标准化之间的矛盾，助力茶产业的转型升级。

由于编者水平有限，书中若有不当之处，敬请同行专家和读者批评指正。

编　者

2024年3月

习近平致信祝贺首个“国际茶日”

2020年5月21日，是联合国确定的首个“国际茶日”。国家主席习近平向“国际茶日”系列活动致信表示热烈祝贺。

习近平指出，茶起源于中国，盛行于世界。联合国设立“国际茶日”，体现了国际社会对茶叶价值的认可与重视，对振兴茶产业、弘扬茶文化很有意义。作为茶叶生产和消费大国，中国愿同各方一道，推动全球茶产业持续健康发展，深化茶文化交融互鉴，让更多的人知茶、爱茶，共品茶香茶韵，共享美好生活。

目　录

第一章　茶叶加工基本原理

第一节　茶鲜叶

鲜叶是茶树顶端新梢的总称，包括芽、叶、梗三部分，俗称茶青、生叶、茶草、青叶、青凋等。

采摘下来的茶叶嫩梢，经过不同的加工之后，便形成具有不同品质特征的成品茶。鲜叶是各类茶叶品质的物质基础。茶叶质量的高低，主要取决于鲜叶质量的高低与制茶技术是否合理。鲜叶的质量是形成茶叶品质的内在根据，制茶技术则是茶叶形质转化的外在条件（图1–1）。

图1–1　鲜叶

一、鲜叶质量

鲜叶质量，包括鲜叶的嫩度、匀净度、新鲜度三个方面。嫩度是鲜叶质量的主要指标，平时说鲜叶质量好坏，往往指的是嫩度及匀净度的优劣。茶厂验收鲜叶时，对新鲜度差的采取扣分、降级的办法，区分制作。茶叶属食品范畴，卫生尤为重要，不允许鲜叶混有非茶类杂物，不允许有农药污染，如发现应剔除，作废物处理。

1. 鲜叶嫩度 鲜叶嫩度是决定茶叶品质好坏的重要因素，是鉴定茶叶等级的主要指标。老嫩程度是鲜叶内在各种化学成分的综合外在表现。根据茶树生长发育的理论可以知道，茶叶内在有效成分如多酚类、蛋白质、咖啡因等，总是在生长的初期阶段含量较高，而不利于茶叶品质的纤维素等物质的含量在这一时期则较少。因此，幼嫩的鲜叶在正常情况下制出的茶叶形质兼优，而粗老叶子制出的茶叶品质则低次。鲜叶老嫩与成茶品质高低有着极为密切的关系。

鲜叶嫩度与产量有直接关系，鲜叶要求过于细嫩则必然会影响茶叶的产量。根据茶树特性与外界环境条件及技术措施的关系，采取正确合理的采摘方法，即分批多次留叶采摘，对产量和质量都能起到良好的作用。

2. 鲜叶的匀度和净度 匀净度是衡量鲜叶质量的指标之一，包含着鲜叶匀度和净度两个方面。

（1）鲜叶匀度：是指一批鲜叶理化性状一致的程度。影响鲜叶匀度的因素很多，如采摘不合理，茶园品种混杂，鲜叶运送和鲜叶管理不当，露水叶与无表面水叶混杂，不同品种鲜叶混杂和进厂时间不同的鲜叶混杂等。其中在生产中最突出的表现是老嫩混杂，对制茶技术和茶叶品质都有影响。老嫩不一、内含成分不同、物理性状不一，在加工过程中会造成杀青时老嫩生熟不一，揉捻时嫩叶断碎，老叶不成条，干燥时干湿不匀，末茶、碎茶增多，给加工带来较大的困难，也直接影响成品茶的品质和效益。

（2）鲜叶净度：是指鲜叶里夹杂物的含量程度。这些夹杂物有茶类和非茶类两种。茶类有茶籽、茶果、老叶、老梗，非茶类有虫卵、虫体、杂草、沙石等。这些夹杂物都会影响茶叶品质，有的还影响人体健康。因此，要保证高水平的鲜叶净度。

3. 新鲜度 新鲜度是指采摘下来的鲜叶尽量保持其原有的理化性状。鲜叶采下来脱离茶树树体后，仍继续进行呼吸作用。随着水分散失，鲜叶中酶的作用增加，内含物不断分解转化，如糖类，分解的同时产生大量热量。因此，鲜叶贮存要注意及时散热，保持低温、通风，做到先进厂先付制，减少不必要的损失。

如采摘时间过长，贮存不佳，堆积过厚，过紧过久，通气不良，鲜叶有氧呼吸释放热量散发不出去，叶温升高，就会使内含物分解加快，消耗愈多；在氧气供应不足的情况下，鲜叶会进行无氧呼吸作用，使糖分解为醇而产生酒精气味。时间再长，则产生酸味，叶片发热变红、霉烂变质。因此，鲜叶进厂，要做好管理工作。

二、鲜叶管理

采摘下来的鲜叶如何管理，对成品茶的品质影响较大。对采摘后的鲜叶进行科学管理，非常重要。

鲜叶采摘不论是手工采摘，还是机械采摘，对采下的鲜叶，要做到“八分开”：机采叶和手采叶分开；不同茶树品种的叶分开；晴天叶和雨天叶分开；正常叶和劣变叶分开；幼龄树、成龄树和衰老茶树的叶分开；上午采和下午采的叶分开；阴坡茶树和阳坡茶树的叶分开；获认证茶园和未获认证茶园的叶分开。

鲜叶管理包括鲜叶运输、鲜叶验收、鲜叶摊放和贮存几个方面。

1. 鲜叶运输　采摘后的鲜叶要及时运送进厂，在运送的过程中要注意根据老嫩、品种、表面水多少的不同，分别装篓。装篓时不能压紧，防止机械损伤。

2. 鲜叶验收　鲜叶进厂须进行验收分级，验收分级一般根据不同品种及鲜叶的老嫩程度、鲜叶的一致性等指标进行判定。制绿茶的鲜叶原料通常以嫩为优，如鲜叶为单芽、一芽一叶初展，且新鲜、匀净度好，多为特级或一级。同时，根据品种的适制性及制优率，验收的级别和鲜叶价格也是各不相同的。例如，制绿茶的原料在同样嫩度、匀净度及新鲜度情况下，群体种、本地育成品种鲜叶较引进品种鲜叶价格要相对高些。厂家可根据自身实际情况，制定鲜叶验收标准。

3. 鲜叶摊放和贮存　为便于集中加工制作和促进茶叶品质形成，适度摊放成为茶叶加工付制前必不可少的工序，故加工厂要有专用的摊青器具和场所（图1–2）。摊青场所应选择阴凉、湿润、空气流通、场地洁净的地方，有条件的可设贮青室。

贮青室要坐南朝北，防止太阳直接照射，保持室内较低温度，最好在室内铺上竹帘，在竹帘上摊放。鲜叶摊放不宜过厚，一般为15~20 cm，雨露水叶要摊得更薄。鲜叶摊放过程中，每隔1~2小时翻拌一次，每隔60~70 cm开一条通气沟，在翻拌时，切勿在鲜叶上乱踩，尽量减少鲜叶的机械损伤。

鲜叶贮放时间不宜过久，一般先进厂先付制。雨水叶表面水分多，可以适当延长摊放时间。

图1-2 摊青场所

第二节 绿茶加工基本原理

绿茶生产历史悠久，是我国第一大茶类，也是河南省的主要茶类。绿茶种类众多，加工方法精湛，品质优异，一直以来深受国内外消费者的喜爱。

一、绿茶的加工原理

绿茶的清汤绿叶品质特征是在加工过程中逐步形成的，了解绿茶加工的有关原理，才能更好地把握这些过程，从而获得良好的绿茶品质。

1. 绿茶色泽的变化 绿茶要求干茶色泽绿、茶汤绿、叶底绿亮，三者密不可分。绿茶的色泽，有的是茶叶内含物质所具有的，有的是加工过程中转化而来的。

鲜叶内含的色素有两类：一类是不溶于水的脂溶性色素，如叶绿素、叶黄素、胡萝卜素；另一类是水溶性色素，包括花黄素和花青素。这两类色素在加工过程中都会发生变化，其中对绿茶色泽影响较大的是叶绿素被破坏和花黄素自动氧化。

叶绿素原是脂溶性色素，在高温杀青的条件下，色素与叶绿体蛋白质基质的结合容易被破坏，发生分解，形成有一定亲水性的叶绿醇和叶绿酸。当叶肉组织经揉捻破坏后，茶汁附着于叶表，使其部分溶解而进入茶汤，冲泡后有部分悬浮于茶汤之中，是绿茶茶汤呈绿色的原因之一。

绿茶初制过程中，因高温湿热影响，特别是经杀青、揉捻、干燥工序后叶绿素大量降解，是绿茶黄变的原因之一。所以在加工过程中，应控制湿热作用对叶绿素的破坏，保持绿茶的翠绿色泽。

在杀青过程中，叶温若不能快速升高，酶活性不能及时钝化，则多酚类化合物就会发生酶促氧化，导致红变，影响绿茶品质。

2. 绿茶香气的发展　构成绿茶香气的成分较复杂，有些成分是鲜叶中原有的，有些成分是在加工过程中形成的。绿茶特有的香气特征是鲜叶中所含芳香物质的综合表现。

茶鲜叶中芳香物质有高沸点和低沸点两种，前者具有良好的香气，后者带有青草气。绿茶加工过程中，经高温杀青，低沸点的芳香物质大量散失；而具有良好香气的高沸点芳香物质显露出来，如苯甲醇、苯丙醇、芳樟醇等，在经过杀青后，含量大大增加。这类高沸点的芳香物质是构成绿茶香气的主体物质。同时在加工过程中，叶内化学成分发生一系列的变化，生成一些新的芳香物质，如具有紫罗兰香的紫罗兰酮、茉莉花香的茉莉酮等。

茶叶炒制中，叶内淀粉水解成可溶性糖类，在受热条件下产生糖香，火温过高时会产生老火茶、高火茶，会在一定程度上掩盖其他香气，故干燥过程中要掌握好火候。

3. 绿茶滋味的形成　绿茶滋味是叶内所含可溶性有效成分进入茶汤而构成的。它与茶叶色、香密不可分，滋味好的绿茶，一般色泽、香气也较好。

绿茶的滋味主要是由多酚类化合物、氨基酸、水溶性糖类、咖啡因等物质综合形成的。这些物质各有自己的滋味特征，如多酚类化合物有苦涩味和收敛性，氨基酸有鲜爽味，糖类有甜醇滋味，咖啡因味苦。绿茶的良好滋味是这些物质相互结合、彼此协调后的综合表现。多酚类化合物是茶叶中可溶性有效成分的主体，在加工过程中的热作用下，有一部分苦涩味较重的酯型儿茶素会转化成简单儿茶素，一部分多酚类化合物也会与蛋白质结合成为水不溶性物质，从而减少苦涩味。同时在加工过程中，部分蛋白质水解成游离氨基酸，也会增加茶汤鲜爽度。

二、绿茶的主要加工技术

绿茶种类繁多，加工技术不尽相同，但绿茶初制一般都包括杀青、揉捻、干燥三道工序。

1. 杀青 杀青是绿茶加工的重要工序之一，也是绿茶品质形成的关键工序。

（1）杀青的主要目的：一是钝化、破坏鲜叶中酶的活性，制止多酚类化合物的酶促氧化，以便获得绿茶绿叶绿汤的品质要求。二是散发“青气”，发展茶香。三是改变茶叶中内含成分，促进绿茶品质特点的形成。四是蒸发一部分水分，使叶质变得柔软，增加韧性，便于揉捻成条。

总之，杀青是为了破坏鲜叶的组织与结构，改变鲜叶的形质，从而为绿茶独特的品质奠定良好的基础。

（2）杀青的技术措施：杀青有关的技术因素主要有温度、时间、投叶量，根据鲜叶的老嫩程度来决定。杀青的技术措施主要有以下三点。

1）高温杀青，先高后低：所谓高温杀青，就是在较短时间内，将叶温上升到85 ℃以上，并保持一段时间，彻底破坏鲜叶中酶的活性，同时散发青草气，发展茶香。到杀青后期，可以适当降低温度，防止芽尖和叶缘焦黄，并进一步杀透，蒸发水分到适当的程度。

2）抛闷结合，多抛少闷：在高温杀青的条件下，叶子接触锅底的时间不能太长，否则，高温条件下水蒸气和青草气不能及时散发，导致叶色变黄，香气低闷，所以必须用抛炒的方式使叶子蒸发出来的水蒸气和青草气迅速蒸发。但如果炒制时间过长，就容易使芽叶炒焦、断碎；如果抛炒过多，因叶梗的含水量高，升温较慢，可能会导致杀青不匀，发生红梗红叶现象。所以，在杀青中，应注意采用抛闷结合的方式，利用闷炒形成的高温蒸汽的穿透力，使叶梗内部迅速升温，以解决抛炒中各部位升温不一致的问题。一般而论，嫩叶杀青，宜多抛，老叶则宜多闷；芽叶肥壮，选择较长的鲜叶杀青机，宜多抛，打顶叶或大叶种的芽叶则宜适当多闷。

3）嫩叶老杀，老叶嫩杀：所谓老杀，就是杀青时间长、程度重、叶子失水较多。所谓嫩杀，就是杀青时间短、程度轻、叶子失水适当少些。因为嫩叶中酶活性较强，含水量较高，若嫩杀，则酶活性未被彻底破坏，易产生红梗红叶，同时，杀青叶含水量过高，在揉捻时茶汁易流失，加压时易成糊状，芽叶易断碎，所以嫩叶宜老杀。粗老鲜叶则相反，因为粗老鲜叶含水量少，纤维素含量较高，叶质粗硬，若杀青时失水过多，揉捻时难以成条，加压易成片状，所以宜嫩杀。

（3）杀青方式：绿茶杀青作业除少数的名优绿茶尚保留手工杀青外，大多数已采用机械杀青。绿茶杀青方法主要有炒青、蒸青、微波、热风、电磁等，以炒青方法最为常用。炒青主要有连续式滚筒、间歇式滚筒、锅式杀青等几种方式，其中以连续式滚筒最为常用。近年来，蒸汽、热风、微波、电磁等杀青方式也广泛运用于绿茶杀青。

目前大宗茶均采用机械化杀青。

1）滚筒连续杀青机：作业时炉灶内燃料燃烧或采用电磁、电阻丝对筒体加热，当筒体温度达到杀青要求时，投入鲜叶，鲜叶在半封闭的状态下直接吸收热量，使叶温迅速升高，并在导叶板的作用下，翻动前进，叶内的水分则不断汽化，同时酶的活性被迅速破坏，达到杀青目的，最后从出叶口排出，完成杀青作业（图1–3）。

图1–3　滚筒连续杀青机

滚筒连续杀青机作业时，首先开机使筒体转动，再行生火烧旺炉灶或启动加热按钮，这样可以使筒体受热均匀，防止变形。当筒体温度达到杀青温度，看到筒体受热内壁微微有些发红、有火星在筒内跳动时，即可开动上叶输送带上叶，开始时上叶量要适当多一些，以免产生焦叶。待杀青叶已开始在出口端排出，开动排湿风机排湿，使筒体内水蒸气排出。一般叶子在筒体内经历1.5~3分钟。在杀青过程中要随时检查杀青叶质量，并根据杀青程度调整投叶量的多少。当感觉杀青程度偏嫩，应减少投叶量；若感觉杀青程度偏老，应增加投叶量。杀青作业结束前15分钟，要停止向炉膛内加燃料或关闭加热按钮，以免产生焦叶。杀青结束后，要将炉膛内的全部残余燃料和灰渣清出，并且筒体还要继续转动15~20分钟至温控显示100 ℃以下再行关机，这样可以避免筒体变形。

滚筒连续杀青机可连续作业，生产效率高。以6CS-70型滚筒杀青机为例，台时产量可达100 kg左右，在正常操作下，杀青叶色泽绿翠，香气纯正，并且操作方便，目前在大中型茶厂广泛应用，是大宗茶生产的主要杀青方式。超高温热风滚筒杀青机也是常用的杀青机械（图1-4）。

图1-4　超高温热风滚筒杀青机

2）锅式杀青机：锅式杀青机是我国最早模仿人工杀青作业原理研制成功的杀青机械，大多是双锅并列式杀青机（图1–5）。

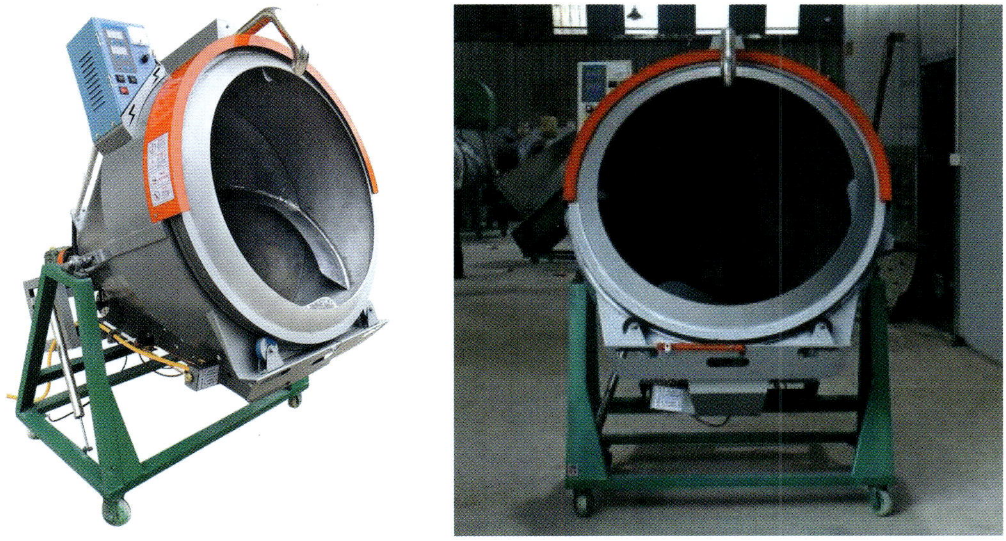

图1–5　锅式杀青机

锅式杀青机作业时炉灶内燃料燃烧为炒锅加热，当锅温达到杀青要求时，开动机器，将鲜叶投入炒锅内，在炒叶结构炒手的回转作用下，鲜叶被不断均匀翻动，同时吸收热量，使叶温迅速升高，酶活性迅速钝化，叶内的水分不断汽化和散失，完成杀青工序。

锅式杀青机作业时，要求适当高温，一般为锅底已烧得发白，锅温超过300 ℃。鲜叶下锅后，先抛炒3~5分钟，然后盖上锅盖闷炒1~2分钟，再抛炒直到杀青结束。雨水叶、露水叶应多抛炒，较老的叶子应多闷炒。

锅式杀青机与人工杀青原理相似，能满足传统杀青工艺要求。杀青过程中可抛闷结合，炒手对茶叶有轻度的搓揉，起到做形的作用，杀青质量较好。其缺点是经常出叶不净而产生烟焦，而且锅式杀青机也不能连续作业，作业效率低，目前在生产中已逐渐被淘汰。

3）热风杀青：热风杀青是一种较新型的杀青技术。它是利用热风发生炉产生的高温干燥热风（通常为300~350 ℃）对鲜叶进行高温杀青，可在较短时间（60秒）内完成杀青作业，并且能杀匀杀透，无爆点及焦边，可使杀青叶保持绿翠色泽，成茶香气较好、品质较高（图1–6）。

图1-6　高温热风杀青机

4）汽热杀青：汽热杀青是利用高温水蒸气携带热量大、穿透力强的特点，快速完成杀青作业。杀青结束后连接有热风脱水装置，利用大流量空气完成脱水作业。汽热杀青机杀青质量特点是杀青叶均匀、无爆点及焦边、叶色绿翠、杀青叶清香、叶质柔软、含水率较高（图1–7）。

5）微波杀青：微波杀青是利用电磁波的穿透性，使茶叶中的水分子产生极化和振荡而发热，热量从含水茶叶的内部产生，使茶叶的茎叶内外同时被加热（图1–8）。表里同时均匀加热，温度快速升高，不会出现茶叶“外焦内不熟”，即发生“夹生”现象，十分有利于名优绿茶加工的杀青和干燥作业。微波加热不仅加热消耗时间短，清洁卫生，杀青匀、透，有效地避免了红梗红叶、杀青不匀等弊病，而且成品茶色泽绿翠。目前在四川、江苏等茶区的名优绿茶加工中应用较多。

热风杀青、汽热杀青、微波杀青具有快速杀青、杀匀杀透，无爆点及焦边，可使杀青叶保持色泽绿翠的优点。但微波杀青机由于设备本身较为昂贵，杀青时耗能较大等缺点，在大宗炒青绿茶加工中普及率不高。

（4）杀青程度：杀青叶的良好与否，是决定绿茶品质的重要环节。杀青适度的主要标志是叶色暗绿、折梗不断、“青气”消失、清香显露、紧捏叶子成团、松手可

图1-7　汽热杀青机

图1-8　微波杀青机

自动弹开，含水量通常为58%~62%。

2. 揉捻　在绿茶加工中，除少数特种名优绿茶不需要揉捻外，一般情况下揉捻都是加工中不可缺少的工序。

（1）揉捻的目的：一是卷紧茶条，缩小体积，为炒青绿茶外形的形成打好基础；二是适当破坏叶组织，使细胞适当破碎，挤出茶汁附着于叶表面，便于冲泡溶解在茶汤中，增加茶汤浓度。

（2）揉捻方法：绿茶加工中揉捻作业，有手工揉捻和机械揉捻两种方法。目前除一些名优绿茶尚少量保留手工揉捻外，大部分采用机械揉捻。

机械揉捻时，揉捻筒装叶量要适当，嫩叶适当多投，老叶适当少投。揉捻中加压要遵循“轻—重—轻”的原则，并且嫩叶宜冷揉轻揉，老叶可热揉重揉，尤其是一些名优绿茶，一定要轻压短揉。

大宗炒青绿茶加工中的揉捻作业均采用机械进行，其设备为盘式茶叶揉捻机。大宗炒青绿茶加工常用揉捻机型号有6CR-35型、6CR-40型、6CR-45型、6CR-55型、6CR-65型（图1-9）。

图1–9　揉捻机组

（3）揉捻机的工作原理：揉桶内装满杀青叶，盖上揉桶盖，在电动机和传动机构的带动下，在揉盘上做水平回转，揉桶内的叶子受到揉桶盖压力、揉盘反作用力、棱骨揉搓力、揉桶的侧压力，以及茶叶自重与相互摩擦力等作用，被逐渐揉捻成条，并使部分叶细胞破碎，茶汁外溢，达到揉捻的目的。

（4）揉捻作业的关键：主要是投叶量、揉捻时间、加压轻重的掌握。炒青绿茶加工揉捻时，应按照揉捻机型号的大小确定投叶量的多少。一般情况下，6CR–55型揉捻机每桶投叶量为35 kg左右，具体根据鲜叶老嫩程度而定。若投叶过多，叶团在揉桶中难以翻动，揉捻不均匀，甚至揉桶无法运转，影响揉捻质量；投叶过少，叶团同样难以翻动，并且不方便加压，影响成条。揉捻作业时，加压轻重应遵循“轻—重—轻”的原则，并且加压时间要适当；加压过早过重，易成扁条和碎茶，加压过轻，难以成条，并且条索不紧结。一般情况下，嫩叶揉捻时，加压要轻，较粗老叶揉捻时，加压要重些。揉捻时间视叶子老嫩程度而定，较嫩的叶子，揉捻时间相对短些，较粗老叶子则要延长揉捻时间。一般嫩度适中的叶子，采用6CR–55型揉捻机揉捻20~40分钟基本可达到揉捻要求。揉捻叶下机后，要立即解块干燥，切勿久放，以免叶色变黄。

3. 干燥 干燥是绿茶初制加工的最后一道工序，也是发展和固定茶叶品质的重要工序。

（1）干燥的目的：一是进一步蒸发水分，使茶叶充分干燥，便于贮藏。二是促进茶叶内物质进一步转化，发展茶香，增进滋味。三是在揉捻成条的基础上，进一步紧结条索。

（2）干燥方法：绿茶干燥方法较多，同时应用的炒干机械和烘干机械的类型也较多。最常用的有炒干、烘干及烘炒结合等方法。目前，除少部分名优绿茶尚保留手工炒干或用烘笼进行干燥外，大部分绿茶都是通过机械操作进行干燥。

第三节　红茶初加工

红茶是我国生产和出口的主要茶类之一。我国红茶主要有工夫红茶、小种红茶、红碎茶三种。其中工夫红茶产地最广，在河南、湖北、安徽、四川、湖南、福建、云南等省均有生产，其产品有信阳红、宜红、祁红、川红、闽红、滇红、湘红等。小种红茶主要产于福建省武夷山市，金骏眉就属于小种红茶。红碎茶在河南、海南、广东、云南、四川、湖南等省有生产，目前生产量大为萎缩，主要以外销为主。

一、红茶的加工原理

红茶的色泽、香气、滋味是内含物质在加工过程中通过一系列的物理和化学变化而逐步形成的。

1. 红茶色泽的形成 红茶色泽包括干茶色泽、叶底色泽和茶汤色泽等方面。

（1）干茶色泽：红茶的干茶色泽即外形色泽，一般呈乌黑色至褐色，这种色泽是红茶中叶绿素的水解产物和果胶质、蛋白质以及糖和茶多酚的氧化产物附于叶表并干燥后呈现出来的。红茶制造中，叶绿素经叶绿素酶的作用水解产生脱镁叶绿酸，呈棕褐色，加工过程中的轻萎凋、揉切工序在叶温较低和发酵较轻时，往往产生这种作用。另外，萎凋过程中由于果胶物质随之增加，果胶质干燥后呈黑色，所以重萎凋叶色泽乌黑，较轻萎凋叶色泽棕褐。茶多酚的氧化产物茶黄素含量较多而茶褐素含量较少的大叶种，加工出的红茶色泽呈棕褐色；与此相反，小叶种红茶由于叶绿素含量较高，形成的脱镁叶绿酸较多，所以小叶种鲜叶加工出的红茶常呈乌润色泽。

（2）叶底色泽：红茶叶底色泽主要是茶多酚不同程度的氧化产物与蛋白质结合所形成的。其中，茶黄素的比例相对较大时叶底橙黄明亮，茶红素较多时叶底红亮，茶褐素占比例较大时叶底红暗（甚至出现乌条暗叶），而在叶绿素破坏不充分的情况下，叶底色泽常呈“茶青”，出现“青张”。

（3）茶汤色泽：红茶加工过程中，鲜叶中的茶多酚约有一半或一半以上经酶性氧化和自动氧化形成茶黄素、茶红素和茶褐素。茶黄素呈橙黄色，是决定茶汤明亮度和艳度的主要成分，优质红茶明显的“金圈”就是由茶黄素形成的，红茶中茶黄素含量为0.3%~1.8%。茶红素呈红色，是形成红茶汤色的主体物质，红茶中茶红素含量为5%~11%。茶褐素呈暗褐色，是红茶汤色发暗的主要成分，红茶中茶褐素含量为4%~9%。研究表明，茶黄素和茶红素与红茶汤色呈明显的正相关，茶黄素、茶红素含量越高，汤色越显得红艳明亮；而茶褐素与红茶汤色呈显著负相关，茶褐素含量越高，汤色越暗，茶汤品质越低。

红茶汤冷了以后，产生乳凝状浑浊，这种现象称为“冷后浑”，乳凝状浑浊物是茶黄素、茶红素和咖啡因的混合产物。它的溶解度随温度的高低而变化，温度高时溶解，温度低时呈乳凝沉淀状态。茶黄素含量过低时，不容易产生冷后浑，即使产生，其颜色也呈暗黄浆色；只有当茶黄素含量较高时才容易产生冷后浑，而且浑后呈亮黄色。

红茶汤加牛乳以后的色泽，常常是判断汤色优劣的简单指标之一。这一色泽主要取决于茶原本含有的色素成分，茶黄素和茶红素含量较高者呈粉红至明亮的姜黄色，茶黄素含量较低者呈灰白色。

2. 红茶香气的形成　红茶加工过程中，芳香物质的变化是比较复杂的。鲜叶中的芳香物质通常不到50种，而加工成红茶后，香气成分则增加到300种左右。但香气成分在叶中所含的总量甚微，仅占0.03%左右。一般幼嫩叶中的芳香物质含量较多，所以细嫩鲜叶加工出的茶叶香气高。

红茶中的香气物质，一部分是鲜叶中固有的，而大部分是红茶加工过程中，由其他物质转化而来的。萎凋发酵过程中部分醇类的氧化、氨基酸和胡萝卜素的降解、有机酸和醇的酸化、亚麻酸的氧化降解、乙烯醇的异构化、糖的热转化等，都会产生很多新的香气物质。因此，在萎凋、发酵工序，香气物质是增加的；在干燥工序，由于高温的原因，很多低沸点的香气物质大量挥发，最后剩下的是一些高沸点的芳香物质，以醇类和酸类为主，其次是醛类、脂类。

形成红茶的鲜香和整个茶叶香气的基础物质是茶叶中脂类的氧化降解物。研究表明，安徽祁门和福建的红茶香叶醇含量高，云南红茶芳樟醇及其氧化物总量与印度、斯里兰卡红茶相近，故这些红茶的品质均属优异。红茶一般具有熟苹果或橘子的甜香，有的具有季节性花香，而“祁门香”的地域性高香，与其香叶醇含量高有关。

3. 红茶滋味的形成 茶叶中滋味成分比较复杂，多达数十种，其种类、含量及比例的变化都显著地影响着茶汤的滋味。

茶汤中的刺激性涩味物质主要是茶多酚类物质（其中主要是儿茶素）；苦味物质主要是咖啡因、花青素和茶皂素；鲜味物质主要是氨基酸；甜味物质主要是可溶性糖和部分氨基酸；鲜爽味主要是氨基酸、儿茶素、茶黄素和咖啡因的混合物。

红碎茶滋味“浓厚”主要是水浸出物含量高，茶多酚及其氧化产物以及其他呈味物质多；“强烈”主要是茶黄素含量高；“鲜爽”主要是氨基酸、茶黄素、咖啡因含量高。一般情况下，幼嫩芽因有效内含物质较多，其成茶滋味更觉鲜醇爽口，故高级红茶对鲜叶的嫩度要求较高。

二、红茶的主要加工技术

不同地区的红茶加工技术有所不同，主要加工工序包括萎凋、揉捻（切）、发酵、干燥四部分。

1. 萎凋 萎凋作为红茶加工中的第一道工序，是红茶品质形成的基础工序。萎凋是在一定的温、湿度条件下，将采下的鲜叶进行薄摊，适当散失水分以降低鲜叶张力的工艺处理过程。鲜叶经过萎凋，含水率下降，叶质变软，叶色变暗，青草气逐渐减弱，清香和花香味开始显现。适度萎凋以萎凋叶含水率在60%左右为宜，遵循嫩叶适度重萎凋，老叶适度轻萎凋的原则。在加工过程中，不同的萎凋方式和萎凋环境均会对红茶品质产生较大影响。

（1）萎凋的目的：一是散失适当的水分，减少细胞张力，使叶片柔软，韧性增加，为揉捻做形和叶细胞损伤创造必要的条件。二是随着水分的散失，细胞液浓缩，细胞膜渗透作用加强，多酚氧化酶和过氧化物酶逐渐活化，使多酚类化合物开始氧化，并引起内含物产生一系列的相应变化，为形成红茶特有品质特征创造条件。

（2）萎凋方式：包括室内自然萎凋、日光萎凋、萎凋槽萎凋、萎凋机萎凋和各种形式的加温萎凋。目前常采用的是室内自然萎凋、日光萎凋和萎凋槽萎凋等3种方式。

1）室内自然萎凋：室内自然萎凋是利用自然气候条件进行萎凋。鲜叶摊放在篾制萎凋帘上，帘子被排列在室内萎凋架上，要求室内通风透气，无阳光直射。室内温度要求保持在20~24 ℃，相对湿度60%~70%，鲜叶摊放量0.5~0.75 kg/m^2，并且嫩叶稍薄摊，老叶稍厚摊，萎凋时间一般控制在18小时以内为好。当天气干燥时，萎凋时间8~12小时可达要求。在萎凋过程还要根据情况适当翻拌，注意避免叶子损伤。大叶种不能翻拌，翻拌易损伤叶细胞组织发生红变。这种萎凋方法质量容易保证，所以不论国内还是国外，高档红茶的萎凋都采用室内自然萎凋。但室内自然萎凋时间长，占用厂房面积大，劳动强度也大，不适合大批量生产，只能用于少量高档的红茶（图1–10）。

图1–10　室内自然萎凋

2）日光萎凋：日光萎凋是使鲜叶直接接受阳光照射，促进水分散失。鲜叶放晒席上或水泥地面上，摊放量约0.5 kg/m^2，以叶片互不重叠为适度，适时翻叶，并适当匀厚。萎凋达一定程度，移到阴凉处摊凉散热，继续蒸发水分，直到达到要求的萎凋程度。如果阳光较弱，也可一直在阳光下萎凋到适度。但若一直在强日光下萎凋，芽叶易焦枯，萎凋不均匀，易出现红变，一般不宜采用。日光萎凋最大的优点是方法简便、萎凋快、设备少，但受自然条件限制，阴雨天气不能采用，而且萎凋程度较难掌握，品质也不是很好，多带日晒腥味，较大型茶厂不宜采用（图1–11）。

图1-11　日光萎凋

3）萎凋槽萎凋：萎凋槽是一种可加热的萎凋装置。萎凋槽由空气加热炉灶（可无）、鼓风机、风边、槽体和盛叶框帘等组成。用鼓风机将热空气强制性透过叶层，使叶层在热气流的作用下散水，达到萎凋的目的（图1–12）。

图1–12　萎凋槽

采用萎凋槽萎凋时，要掌握的主要技术是控制温度、风量、厚度、翻抖和萎凋时间等。

萎凋时的温度一般要求进口温度控制在35 ℃左右，不宜超过38 ℃，并要求槽体前后温度差不能大于1 ℃。温度如超过38 ℃，虽然加快了萎凋的失水速度，提高了效率，但化学变化往往不足，易出现芽叶和叶缘的枯干或红变，同时由于失水速度快，萎凋难以均匀一致。温度过低，萎凋时间加长，但质量是能保证的，所以说低温萎凋比高温萎凋要好。但在具体萎凋时温度的控制还须根据具体情况灵活应变。在夏秋季气温较高，若内室温度在30 ℃左右时，可不必加温，直接鼓风就能满足要求。雨水叶或其他有表面水的叶子萎凋，应先吹冷风，散失表面水分后再加温萎凋，以免湿闷热损害叶子。温度控制应“先高后低”，下叶前10~20分钟停止加温，改为吹冷风、降低叶温。萎凋时还要进行间隙式的送风，每隔1小时停10分钟，效果较好。

对风量的控制一般要求以叶层处在流化态与沸腾态之间为好。所谓流化态，是指叶子被风吹掉或吹飘起；沸腾态是指叶子在风吹时不断振动和翻动但不飘起。如果风量过大，叶层易出现空洞致萎凋不均匀，有红变、焦叶产生；如果风量过小，风穿透能力小，影响萎凋失水速度，也难均匀。风量大小要根据叶层厚度和叶质柔软度，即叶层透气性能来确定。

摊叶厚度一般原则是老叶厚摊，嫩叶薄摊，小叶种鲜叶厚摊（约20 cm），大叶种鲜叶薄摊（约18 cm），并要求把叶子抖散、摊匀、摊平，使叶子有良好的透气性，利于通风均匀，萎凋一致。

在萎凋时还须翻抖，一般是结合停风翻抖。翻抖时要注意上层翻到下层，槽前翻到槽后，并抖松、摊匀，动作宜轻，避免损伤芽叶。翻抖的目的是使萎凋槽各部位的叶子萎凋均匀一致。但大叶种鲜叶萎凋不宜翻抖，因为翻抖容易损伤叶细胞，造成红变。

萎凋槽萎凋时间一般以达到要求的萎凋程度为标准，正常的加温范围内需4~6小时。自然萎凋的时间较长，一般超过10小时，而日光萎凋和萎凋槽萎凋，则用时相对较短，一般为4~6小时。具体时间根据萎凋程度而定。若时间偏短（加温高，风量大或薄摊），则不能充分发挥叶子应有的自然品质潜力；若时间过长，则可能萎凋过度，出现芽叶叶缘枯焦，甚至出现红变。

在实际生产过程中，为了提高红茶香气，多采用先日光萎凋后自然萎凋的复式萎凋方式。

（3）萎凋程度：生产上对萎凋程度的控制，主要是凭感官判断。萎凋适度叶一般叶形皱缩，叶质柔软，嫩梗萎软，曲折不断，手捏叶片软绵，紧握萎凋叶成团，松手可缓慢松散，叶表面光泽消失，叶色转暗绿，青草气减退、透发清香。萎凋叶的含水率以60%~64%为适度。季节不同，萎凋程度的控制稍有差异。春季鲜叶含水量高，应较重萎凋，含水率为60%~62%；夏季鲜叶含水量低，应较轻萎凋，含水率为62%~64%。根据鲜叶老嫩不同，应遵循嫩叶重萎凋，老叶轻萎凋的原则。一般掌握宁轻勿重的原则，防止萎凋过度。萎凋不足，叶质脆硬，揉捻时易断碎，茶汁稀薄易流失，揉捻不充分，发酵不能正常进行，制成干茶条索短碎，多片末，香低味淡，叶底花杂；萎凋过度，芽叶枯焦，叶质干硬，揉捻时茶汁不易揉出，条索不紧，进而会导致发酵不匀，干茶松泡多扁条，色泽灰枯，香味淡薄，叶底暗杂。

2. 揉捻（切） 揉捻（切）是红茶外形形成的主要工序。揉捻（切）目的，一是塑造外形，使工夫红茶叶片卷成紧直条索，红碎茶呈颗粒状；二是破坏叶细胞，使茶汁外溢，加速多酚类化合物的酶促氧化，便于发酵，而且茶汁溢出叶表，干燥后色泽乌润且有光泽，冲泡时有效成分能迅速溶解，增进茶汤浓度。

红茶揉捻一般以中小型揉捻机45型、55型为主，规模茶厂则以55型、65型、90型等大型揉捻机为主。作业过程中加压要遵循“轻—重—轻”的原则。红碎茶要求颗粒完整，所以在揉切的方法上，应遵循先成条、后切碎，多次短时、筛分复揉切的原则，从而达到碎茶率高，成茶颗粒紧结，茶汤滋味浓、强、鲜的目的。为了揉捻充分，揉捻过程中常常筛分复揉（图1–13）。

图1–13　揉捻机

影响揉捻的因素主要有温湿度、投叶量、时间、揉捻次数和加压技术、解块筛分等。

（1）温湿度：揉捻室要求室温保持在20~24 ℃，湿度保持在85%~90%较为理想。在夏秋季节，高温低湿的情况下，需要采用洒水、喷雾、挂窗帘、搭阴棚等措施，以便降低室温，提高湿度，防止揉捻筛分过程中失水过多，保持捻揉叶有一定含水量。同时揉捻室保持清洁卫生，每天揉捻筛分之后，必须用清水洗刷机器和地面，防止宿叶、茶汁等发生酸、馊、霉现象，影响茶叶品质。

（2）投叶量：揉捻机投叶量主要取决于揉桶直径大小和原料老嫩度（表1–1）。

表1-1　揉捻机投叶量的决定因素

揉桶直径/ cm	40	55	65	90
每桶投叶/kg	8~15	30~35	55~60	140~150

原料老嫩对投叶量有一定的影响，嫩叶投叶量多些，较粗老叶投叶量少些。投叶量过多，叶子揉桶内翻转困难，揉捻不均匀，扁条多，揉捻时间延长，揉捻效果差。投叶量过少，叶子在揉捻时翻转不规则，也易形成扁条，揉捻效果亦差。

（3）揉捻时间：红茶揉捻要求多次揉捻充分，时间较长。大型揉捻机，投叶量多，一般揉90分钟；中型揉捻机，一般揉70~90分钟；小型揉捻机，投叶量少，一般揉60~70分钟。

原料老嫩、萎凋程度等不同，揉捻时间也不同。嫩叶轻压短揉，老叶重压。重萎凋的叶子适当重压，轻萎凋的叶子适当轻压，揉捻时间相对延长。

（4）揉捻次数：根据鲜叶老嫩度不同，揉捻次数也不同。大型揉捻机，嫩叶原料分3次揉捻，每次揉30分钟；中级原料分2次揉捻，每次45分钟；较老原料可延长揉捻时间，分3次揉捻，每次45分钟。

（5）解块筛分：解块筛分的目的在于解散团块、散发热量、初步分级，使老嫩叶都能揉捻充分，有利于发酵。使用中小型揉捻机，由于叶量少，散热快，叶温升高不显著，一般嫩叶只解块不筛分，老叶不易结团，不必解块筛分。

（6）揉捻程度：揉捻充分可为发酵创造良好条件。揉捻适度，条索紧卷，茶汁充分揉出而不流失，叶子局部泛红，并发出较浓烈的清香，成条率达95%，细胞破坏率达80%以上。若揉捻不足，则条索较松，发酵困难，造成滋味淡薄，茶汤不浓，叶底花青。揉捻过度，则茶叶条索断碎，茶汤色泽暗淡，滋味淡薄香气低，叶底红暗。

3. 发酵　发酵是红茶品质形成的关键工序，对红茶品质的形成起着极其重要的作用。萎凋叶经揉捻后，细胞破碎，在氧气的参与下，多酚类等物质与多酚氧化酶充分接触，并伴随其他一系列酶促反应。儿茶素的氧化聚合和缩合形成茶黄素（TFs）、茶红素（TRs）和茶褐素（TBs）等高聚物，同时引起芳香物质、糖类、蛋白质、氨基酸等品质成分发生剧烈变化，为形成红茶特有的色、香、味奠定了基础（图1-14）。

发酵是以多酚类化合物的酶促氧化为核心的化学反应过程。发酵期间，以儿茶素为主的多酚类物质，在多酚氧化酶的作用下被氧化成邻醌，随后聚合形成极不稳定的联苯酚醌类中间产物，进一步还原为双黄烷醇类，并氧化形成茶黄素；茶黄素进一步偶联氧化形成茶红素，而茶红素又可转化为茶褐素。邻苯二酚、连苯三酚以及没食子酸等物

图1–14　红茶发酵机

质也可氧化生成邻醌；邻醌通过配对聚合，也可生成茶黄素和没食子酸酯。茶黄素、茶红素、茶褐素在茶汤中分别呈现橙黄色、红色和暗褐色，是不同发酵阶段红茶外形和汤色的重要呈色物质。发酵过程中，茶多酚、儿茶素总量随发酵时间的延长而逐渐减少。发酵初期，茶黄素的形成速度大于聚合转化速度，且茶黄素形成后便偶联氧化为茶红素，因此在发酵初期茶黄素和茶红素含量均逐渐上升。之后随着多酚等底物浓度的降低，酶活性下降，茶黄素的形成小于转化的速率，茶黄素和茶红素含量开始下降，发酵期间茶褐素含量逐步增加。

随着发酵时间的延长，氨基酸含量呈先增后降趋势。蛋白质在发酵前期部分水解为氨基酸，氨基酸积累大于消耗，含量增加；伴随发酵的持续，游离氨基酸在脱氨和脱羧作用下形成相应的醇、醛、酸等芳香物质，也会与邻醌或其他物质结合形成一些色素和芳香物质，该过程氨基酸积累小于转化消耗，含量减少。随着发酵的进行，β–葡萄糖苷酶活性降低，芳香物质中酸类、酯类、酚类等的含量逐渐减少，游离态醇类、醛类等含量逐渐上升，香气由青草气逐渐变为花果香。叶绿素在发酵过程中发生部分水解，胡萝卜素和叶黄素等色素也出现一定程度的降解，使发酵叶呈现出青绿→黄绿→黄→黄红→红黄→红→紫红→暗红的颜色变化。

发酵技术中影响发酵的主要因素包括温度、相对湿度、供氧、摊叶厚度、发酵时间等。

（1）温度：包括气温和叶温两个方面，气温的高低直接影响叶温的高低，但对发酵起作用的主要为叶温。发酵过程中，氧化放热，使叶温升高。一般叶温比气温高2~4 ℃，叶温保持在30 ℃为宜，则气温以24~28 ℃为宜。

若气温和叶温过高，叶温超过40 ℃发酵速度大大加快，氧化过分激烈，发酵容易过度，使毛茶香味淡薄， 色泽深暗，严重影响品质，所以在高温季节应采取降温措施，适当薄摊，以利散热。反之，温度过低，化学变化慢，氧化迟缓，影响发酵进程，甚至因温度太低发酵难以进行。生产上，当气温低于20 ℃时，发酵就很困难；温度过低，还会延长发酵时间，内质转化不足，造成茶叶品质苦涩，青草气残留，叶底乌青。所以在气温过低时，应适当加厚叶层，以利保温，必要时采用适当的加温措施。

（2）湿度：湿度包括发酵叶含水量和空气的相对湿度两个方面。发酵是在一定含水量的情况下进行的，水分是各种物质发生化学变化不可缺少的溶剂。发酵叶含水量多少，直接影响发酵能否正常进行。发酵叶含水量取决于萎凋程度，萎凋叶含水量在60%左右，才能有利于揉捻成条，同时利于发酵时叶内物质交流和氧化作用的进行。若含水量高发酵快，叶底红亮，但香味平淡，带青涩；若含水量过低，发酵时氧化作用受抑制，发酵困难，出现不足。一般认为含水量低于50%时，茶叶品质将受到很大影响，表现为叶底乌暗，香低味淡。

空气相对湿度对发酵具有间接的影响，高湿是为了维持叶内水分，避免表层叶失水而干硬，正常发酵受阻。一般要求发酵保持在高湿状态，相对湿度为95%以上，生产上常用洒水、喷雾或盖湿布等方法来增加湿度。

（3）供氧：红茶发酵是耗氧过程，并在发酵过程中，随着发酵的进程耗氧量逐渐下降。因此，发酵时，必须保持空气流通，同时注意摊叶厚度，不宜采用过厚的摊叶方法，以免影响氧气的供应。

（4）摊叶厚度：摊叶厚度直接影响通气和叶温。摊叶过厚，进气不畅，内部叶温上升过快温度过高，又不易散失，不利于红茶品质的形成。摊叶过薄，叶温不易保蓄，发酵难以进行。摊叶厚度一般为8~12 cm，嫩叶和叶型小的要薄摊，老叶和叶型大的可适当厚摊。气温低时要厚摊，气温高时应薄摊。但无论厚摊或薄摊，摊放时叶子要抖松不能压紧，以保持发酵时进气通畅，在发酵过程中，翻抖一两次，以利通气。

（5）发酵时间：发酵时间因揉捻程度、叶质老嫩、环境条件不同而异，一般需要

3~4小时。

（6）发酵程度：发酵程度的掌握是红茶发酵技术的一个重要环节。掌握发酵主要从色泽、香气及温度的变化来综合判断。正常的发酵适度叶具有新鲜的花香或果香，叶色呈铜红色。若带青草气，叶色青绿或青黄则发酵不足；若叶色红暗，香气由浓郁降为低淡，则表明发酵过度。在生产上，对发酵程度的掌握一般要求偏轻，宁轻勿重。发酵偏轻可以在干燥过程中进行补救，常用低温烘干补救，发酵过度则无法挽救，影响品质。

4. 干燥　干燥是红茶加工的最后一道工序，也是决定品质的最后一关。干燥过程一方面是利用高温破坏酶活性，制止多酚类化合物继续酶促氧化；另一方面是蒸发水分，紧缩茶条，使毛茶充分干燥，有利于贮藏。

干燥采用烘干机烘干，一般分毛火和足火两次，中间摊放回潮一段时间。烘干技术影响发酵的主要因素有温度、摊叶厚度、时间等。

（1）温度：烘干是在热作用下使茶坯散失水分和促进内质的变化，在烘干过程毛火高温快速，足火低温长焙。

毛火时由于发酵叶含水量高，只有采用较高的温度，才能使叶温迅速升高到能破坏酶活性，防止酶促氧化，同时迅速蒸发水分，减少湿热作用的影响。若毛火温度过低，反而促进了酶促氧化作用，使发酵过度。但若温度过高，水分蒸发过快，超过了叶内水分持续向叶表扩散的速度，就会造成外干内湿，甚至外焦内湿。也就是说，叶表水分过快蒸发、外层结成硬壳，水分向外扩散受阻，内部就易产生高温闷蒸现象，会损害品质。同时茶条不易收紧，造成松条，甚至“死条”，冲泡时叶底不开展。

足火时叶子含水量少，叶温与外部供热温度趋于一致，而且在足火阶段主要是发展茶叶香气，需要低温慢焙，温度过高，易发生高火、焦茶等。

一般来讲，采用烘笼烘焙，毛火以85~90 ℃、足火以70~80 ℃为宜；采用烘干机烘干，毛火进风口温度以110~120 ℃为宜，不超过130 ℃，足火温度以85~95 ℃为宜，不超过100 ℃。不论是烘笼烘焙还是烘干机烘干，毛火与足火之间都要进行摊放回潮，利于茶叶中水分重新分布，特别是梗中的水分较高，需通过叶片来蒸发，摊放可促进梗中水分向叶片转移，达到均匀，摊放一般为40分钟，不超过1小时。

（2）摊叶厚度：红茶干燥的摊叶厚度一般遵循毛火薄摊，足火厚摊的原则。适当厚摊，可以提高干燥效果，充分利用热能，减少燃耗，降低成本，但过厚则适得其反，效率不能提高，而且降低品质；摊叶过薄明显降低干燥效率。所以，摊叶要适当，既要保证通气性良好均匀，又能提高热能利用率，保证干燥质量。干燥时还要注意嫩叶薄摊，老叶厚摊；碎叶薄摊，条状和粗叶厚摊。摊叶厚度一般毛火为1~2 cm，足火可加厚至3~4 cm。烘笼烘干摊叶厚度毛火为3~4 cm，足火为8~10 cm。

（3）烘干时间：毛火采用高温烘干，一般时间较短，10~15分钟；足火低温慢烘，时间为15~20分钟。

（4）干燥程度：干燥程度的掌握主要是凭经验和含水量来判断，含水量毛火达20%~25%，足火达4%~6%时即可。同时根据经验判断，毛火达七八成干，叶条基本干硬，嫩茎稍软；足火达到足干，茶梗一折即断，用手碾茶条即成细碎粉末，叶色乌黑油润。

第四节　青茶（乌龙茶）加工

青茶又名乌龙茶，是我国特有的茶类，六大茶类之一，在国际市场上，它与红茶、绿茶并列为三大茶类。乌龙茶主产于我国的福建、广东、台湾等省，近年来，在湖北、江西、安徽、贵州等地也有生产。其中福建乌龙历史最悠久，花色品种最多。福建乌龙依制法不同又分为闽北乌龙、闽南乌龙。闽北乌龙以武夷岩茶为代表，闽南乌龙以安溪铁观音为代表。

一、青茶的加工原理

青茶以浓郁的花香和醇厚的滋味而著称，它的独特品质是采用适制青茶的茶树鲜叶在加工过程中逐步形成的。了解青茶加工的有关原理，才能更好地把握加工技巧，制出品质上乘的青茶。

1. 青茶香气的形成　青茶以独特的天然花果香而久负盛名。在晒青过程中，鲜叶在日光和温度的双重作用下，呈现轻萎凋状态。在这个过程中，具有“青气”的一类香气物质挥发，而具有清香、花香的香气物质如香叶醇、苯甲醇等含量增加。茶鲜叶中一些萜烯类芳香物质是以糖苷形式存在的，在一般的情况下这些芳香物质结构稳定，不易释放出游离香气成分，但在青茶的摇青过程中，由于机械力的碰撞，一些糖苷酶活化，促进糖苷类物质的水解，生成萜烯醇类的游离芳香成分。这些萜烯醇的芳香物质如橙花叔醇、芳樟醇等多具有浓郁花香，是青茶主要特征性的香气物质，在炒青过程中，热作用使低沸点的香气物质继续挥发，一些高沸点香气物质生成。在干燥过程中，较长时间的高温促进具有烘烤香味的吡嗪、呋喃等香气成分形成。

另外，青茶多具品种香，也就是各个品种都具有独特的香气特征，如武夷岩茶的岩韵，安溪铁观音的音韵，还有肉桂的桂皮香，黄金桂的蜜桃香，凤凰单枞则具有天然的花蜜香。

2. 青茶滋味的形成　青茶以滋味醇厚，耐冲泡而著称。青茶滋味品质的形成，一方面是由于青茶鲜叶一般都具有一定的成熟度，与较嫩的原料相比，其内的糖类、类胡萝卜素、黄酮醇类含量增加，多酚类的总量减少，特别是具有苦涩味的酯型儿茶素的含量减少，这些都为青茶滋味的形成提供了很好的物质基础。另一方面，摇青过程中在机械力作用下，叶子通过振动作用，促进茎梗中的水分和可溶性物质经输导组织往叶肉细胞输送，从而增加叶片内有效成分的含量，为青茶滋味浓而耐泡提供物质基础。在静置过程中，叶子内含物发生了复杂的化学变化，如多酚类化合物缓慢氧化，茶色素的适量形成，酶活力增强，蛋白质水解加快，游离氨基酸增多。这些变化都为青茶滋味醇厚奠定了基础。

3. 青茶色泽的形成　青茶品质要求干茶色泽绿润带宝色，汤色橙黄，叶底黄绿，红边或红点鲜艳，这一品质特点是在加工过程中形成的。

在晒青过程中，叶绿素部分被破坏，叶色从暗绿色转化为浅绿色再转为黄绿色。而在叶缘，除叶绿素被破坏外，还有多酚类化合物的酶促氧化形成的茶黄素、茶红素与茶褐素等有色物质，使边缘红边，形成青茶“三红七绿”绿叶红镶边的品质特点。经过炒青、干燥，在高温作用下叶绿素进一步被破坏，形成青茶特有色泽。

二、青茶的加工技术

各地青茶加工工艺有所不同，但都包括萎凋、做青、炒青、揉捻（做形）、干燥等主要工序。

1. 萎凋　青茶萎凋过程分摊青、晒青、凉青等三个过程，关键过程是晒青。

（1）摊青：摊青是鲜叶贮存保鲜的一种方式。其目的是保持鲜叶的新鲜度和控制水分蒸发的速度，保持鲜叶水分含量相对一致。将采回的鲜叶按不同的品种、嫩度、采摘时间分别摊放于水筛、篾制竹帘或其他干净透气的器具上，摊青过程中要轻翻2~3次，使水分散发均匀（图1–15）。

（2）晒青：晒青的目的一是蒸发少量水分，要求快速失水，扩大叶片与茎梗之间含水量的差异，为做青中加速“走水”创造条件；二是促进叶内内含物质的化学变化，为做青创造良好的条件。在晒青过程中，不仅多酚类化合物适度氧化，叶绿素被适度破坏及水浸出物增多，而且氨基酸、水溶性糖类也有所增加，另外香气前体物质的分解和转化，为青茶独特的香气形成奠定了基础（图1–16）。

图1–15 摊青

晒青一般采用日光萎凋，通常在下午4~5时，气温20~25 ℃，把鲜叶均匀地薄摊在水筛或竹帘上，放在阳光充足、空气流通的晒青场，时间25~30分钟，中间翻拌一次，使晒青均匀。阴雨天，可采用加温萎凋代替日光萎凋，加温萎凋的方式有萎凋槽萎凋和人工控光萎凋。

晒青适度的叶子呈轻萎凋状态，叶质较柔软，叶面光泽消失，叶色稍暗绿，青草气减退、清香初显，手持嫩梢基部时顶端1~2叶下垂，失重率为5%~10%。

晒青适度的叶子，薄摊在室内阴凉处凉青，使其散失热气，梗叶内的水分重新分配均匀。

（3）凉青：凉青是晒青的补充工序。将1~1.5 kg晒青后鲜叶置于筋篱中，翻松后

图1–16 晒青

薄摊晾于青架上，放在凉爽处，使鲜叶中的各部位水分重新分布均匀，散发叶间热量，降低失水和化学变化速度。凉青时间约1小时，失水率为1%左右。在凉青中，输导组织的可溶性物质，随着梗的水分往叶片输送，给酶促氧化的初级产物邻醌等补充了一定数量基质，促进了物质的氧化还原，儿茶素等物质有所增加。如儿茶素含量，晒青后为68.41%（对比鲜叶），凉青后为79.43%，增加了11.02%。据分析，鲜叶萎凋过程中亮氨酸、异亮氨酸有大幅度增加，而亮氨酸在制茶中可合成香类物质，有助于形成乌龙茶的高香。

2. 做青 做青是青茶品质形成的特有工序，也是关键工序，具体为摇青和静置两个步骤交替进行。

在做青中，叶子通过振动，促进茎梗中的水分和可溶性物质经输导组织往叶肉细胞输送，从而增加叶片内有效成分的含量，为青茶滋味浓而耐泡提供物质基础，并由此改变了叶片原有有效成分的比例，为制成滋味醇厚、香气高长的青茶准备了适量适比的基质。其次，由于叶子受摇青机械力的作用，叶子与筛面或摇青机筒壁碰撞摩擦、叶子之间相互碰撞，叶片边缘细胞组织逐渐损伤，同时促进“走水”顺利进行。在静置过程中，叶子内含物发生着复杂的化学变化。如多酚类化合物缓慢氧化，茶色素的适量形成，叶绿体解体，叶绿素被破坏，叶色由绿转淡黄绿，酶活力增强，蛋白质水解加快，游离氨基酸增多。这些变化都为青茶滋味醇厚、香气浓郁奠定了基础。叶片和茎梗水分蒸发速度差，为下次摇青过程中“走水”做好准备。

青茶在做青过程中，摇青和静置交替进行。摇青时间长短要根据天气、季节、品种、晒青程度的不同灵活掌握。气温较低、湿度较小时，叶内化学变化慢，宜重摇；反之则应轻摇；同时晒青程度较轻的，宜重摇；而晒青程度较重的，宜轻摇；叶质较硬、角质层较厚的，宜重摇；叶质较柔软、角质层较薄的，宜轻摇。摇青次数一般是4~5次，每次摇青间隔时间遵循“短—长—短”的原则，摇青的轻重（转数的多少）遵循“轻—重—轻”原则。摊叶厚度由薄到厚。由于做青要求缓慢地进行内含物的转化和积累，做青间要保持一个相对密闭的环境，使温度、湿度保持相对稳定，室温保持在22~25 ℃，相对湿度保持在65%~80%为宜。在夏季温度较高，早春和深秋温度较低时，可开启做青空调调控温、湿度，有利于青茶品质的提高。

摇青方法有手工摇青和机械摇青两种。手工摇青使叶子在水筛面上做圆周旋转和上下跳动，使叶与叶、叶与筛面碰撞摩擦，促进“走水”，碰伤叶缘细胞，发生局部氧化。机械摇青则采用摇青机摇青或综合做青机做青，是目前最为常用的摇青方式。摇青机筒体一般由竹篾制成，直径60 cm或80 cm，由电动机带动，转速25~30 r/min，摇青过程中转数遵循“少—多—少”的原则（图1–17）。

图1–17　摇青机

摇青次数一般是3~5次，每次摇青间隔时间由短到长，摇青的轻重（转数的多少）遵循“轻—重—轻”原则。摊叶厚度由薄到厚。第一次摇青大约在18时开始，一般摇2~4分钟，摇完后放在水筛中（直径90~110 cm）静置，每筛摊叶1.5 kg左右，静置1.5~2.5小时，达到第一次摇青适度标准，即可进行下一次摇青和静置。四次摇青的作用各不相同，可归纳为摇匀、摇活、摇红、摇香。

第一次摇青——摇匀。主要是促进凉青叶水分分布均匀，叶片恢复生机，为摇青走水做准备。摇青一般于晚间17时至18时开始。此次摇青要轻，宁轻勿重，以免死青。摇后将叶抖松薄摊静置，以促进水分蒸发。待叶尖回软，叶面平伏，光泽消失，叶色暗绿加深，叶缘绿色转淡，“青气”退，略带清香，即可进行第二次摇青。

第二次摇青——摇活。一般于夜间21时至22时进行。此次摇青较第一次重，以损伤叶缘细胞，促进叶内水分及物质的运输与转化。摇后稍有“青气”，叶面光泽明显，叶尖翘起，叶略挺，稍呈还阳复活状态。开始“走水”，静置后嫩叶开始背卷，后期叶尖回软，叶面平伏，叶肉绿色转淡，叶锯齿变红色，微有红边。待“青气”退，略有香气时进行下一次摇青。

第三次摇青——摇红。一般于午夜0时至1时进行。这次是摇青的关键，它对内含物尤其是芳香物质的转化、红边的形成，都是重要的阶段。第三次摇青需摇至“青气”浓烈，叶子挺硬，摇青适度时，摇青叶有“沙沙”声响，即可下机静置。这次摊叶要厚（若高温季节则不宜过厚），堆成“凹”字形，以防堆中叶温过高。此次摇青较重，叶缘损伤达一定程度，叶面隆起部也有一定的损伤。静置后走水明显，叶缘背卷略呈汤匙状，红边显现，叶面隆起处有红点，叶色转黄绿，“青气”退，清香（或花香）起，即可再行摇青。

第四次摇青——摇香。于凌晨4时至5时进行。此次根据红边程度决定摇青的轻重，红边已足者可轻摇，红边不足则稍重摇，摇至略有“青气”出现即可。春季与晚秋，气温低，摇后青叶应厚堆，以提高叶温，使损伤处多酚类化合物酶促氧化能顺利进行。促进芳香物质的形成与积累，若温度过低，可在叶堆上加盖布袋，以保持叶温，促进内含物化学变化。

第四次摇青后若红边不足，可进行第五次辅助性摇青。摇青历时根据红边情况而定。

做青适度的叶子“青气”退尽，花香浓郁；叶脉透明，在灯光的透射下，呈淡黄色、明亮；叶色黄绿，叶缘朱红色，叶面背卷，叶片凸起成汤匙状，叶片柔软光滑如绸，翻动时“沙沙”作响，做青结束时减重25%~28%，含水率为65%~68%。做青适度时，应及时进行炒青，防止香气减退或者发酵过度。

3. 炒青 目的是利用高温破坏酶活性，制止酶促氧化作用，通过热化学作用，散发部分水分，进一步破坏叶绿素，让一些低沸点的“青气”消失，新的高沸点芳香物质得到发展。由于青茶鲜叶较成熟，又经过萎凋和做青，含水量较少，叶质相对脆硬，在炒青过程中，一般采用高温、短时、多闷、少抛的原则。要求叶温快速升高，又不能产生“水闷味”，适当蒸发水分，又要保持叶质柔软，便于做形。

炒青一般采用90型、110型短滚筒炒青机或90型燃气炒青机。炒青时温度控制在260~300 ℃，历时2~3分钟。目前90型燃气炒青机因作业稳定、杀青均匀、清洁卫生、操作方便等优点被广泛采用（图1–18）。

图1–18 炒青机

炒青适度的叶子香味清纯，叶色由青绿色转为暗绿色，叶张皱卷，手捏柔软，略带黏性，减重率约为30%即可开始趁热揉捻。

4. 做形（揉捻） 青茶揉捻的目的一是塑造美观的外形；二是进一步破坏叶细胞，适度挤出茶汁使其黏附叶表，冲泡时易溶于水，增加茶汤的浓度。青茶的形状大致可分为两种：一种为条索状，以闽北武夷岩茶为代表；一种为颗粒状，以闽南安溪铁观音为代表。

（1）武夷岩茶原料较为成熟，叶片较大，并且在经过萎凋、做青、炒青工序后，叶的含水量较低，所以在揉捻时要求趁热揉捻，原则是趁热、快速、重压、短时。一般采用机型较小（35型或40型）、棱骨较高、转速较快（55~65 r/min）的揉捻机，揉6~10分钟，揉至叶子条索紧结、部分起螺头，手抓茶条黏手时，即可下机解块摊凉。

（2）安溪铁观音做形较武夷岩茶复杂，包括初揉和包揉两个过程。

初揉是为了使条索初步成条，茶汁稍有挤出，减轻包揉时的劳动强度。初揉采用盘式揉捻机（机型较小、棱骨较高、转速较快）或台湾望月式揉捻机。

包揉是闽南青茶做形的特有工序，它是利用茶坯在稍微干燥时仍具柔软性和可塑性，将其裹于布袋中并包成球，在滚、压、揉、转等不同方式的力的作用下，使茶条卷曲成颗粒状。其工序为，将初揉后的茶叶，先通过速包机快速打包，然后置于球茶机中搓揉挤压，挤压一段时间后，茶汁溢出、部分茶条结块，需用松包机对茶球进行解块。当手抓松包后的茶叶，黏手感较重时，应该进行烘焙作业，烘焙时注意温度不可太高，防止茶叶失水过快，影响形状。烘焙后的茶叶，继续包揉作业。

包揉的加压原则为“轻—重—轻”。最初做形时，由于茶叶含水率较高，可塑性大，可采用轻压作业，否则易出现条索扁平缺陷和茶汁过多溢出，影响茶叶的色泽。经几次包揉之后，特别是进行第一次烘焙之后，茶叶含水量降低，包揉作业可采取重压，此时是青茶成形的关键，茶球愈紧结，造型效果越好。当到造型后期，茶叶含水量已经较低，此时包揉不可重压，否则会造成大量的碎末茶，影响效益（图1–19）。

图1–19　包揉机

闽南青茶成形需要“速包—包揉—松包”，此过程反复进行10~20次，其间辅助烘焙3~5次。当包揉结束时，茶叶颗粒紧结，呈螺钉状，八成干左右，色泽砂绿，即可在最后一次包揉后，不进行松包作业，直接定形1小时左右以助形状固定。

5. 干燥　干燥是青茶制作的最后一道工序，目的是进一步去除水分，固定形状，并在热化学作用下充分发展香气和滋味物质，把萎凋、做青、炒青、揉捻工序中形成的青茶品质固定。闽北青茶和闽南青茶由于揉捻工艺的不同，揉捻后叶子的含水量不同，所以其干燥工艺也有所区别。

（1）闽北青茶干燥分毛火和足火。由于揉捻后叶子含水量较高，毛火要求高温（120~150 ℃）快速烘焙，提高滋味甘醇度，发展香气和加深汤色，力求避免闷蒸现象，烘至七成干左右下烘。毛火叶下烘后，摊放1小时后，进行足火烘焙。足火则采用低温（80~90 ℃）慢烘，烘至足干。然后进入“吃火”工序，温度进一步降低，60 ℃左右，并在烘笼上加盖，时间2~4小时，直到有火香为止。“吃火”是闽北岩茶制法独特的工序，在足干的基础上，连续长时间的文火慢焙，不单是去水保质，而且对增进汤色、提高滋味醇度都起到很好的作用。在“吃火”结束后要趁热装箱。

（2）闽南青茶在揉捻过程经过几次烘焙作业，在揉捻结束时含水量较低，直接采用文火慢烘，温度60 ℃左右，烘焙时间1.5~2小时。待茶叶足干，手捏成粉末，茶香清纯、花香馥郁、色泽砂绿油润即可下烘，摊凉后装箱贮藏（图1–20）。

图1–20　乌龙茶焙火

第五节　黑茶加工

黑茶是六大茶类之一，为我国所特有的茶类。黑茶是我国边疆少数民族人民日常生活的必需品，在边疆地区有“宁可三日无粮，不可一日无茶”之说。我国黑茶生产的主要省份有云南、湖南、湖北、四川、广西、贵州等，产品有湖北老青茶、云南普洱茶、湖南黑茶、四川茯砖、广西六堡茶等。

一、黑茶的加工原理

黑茶品质要求为外形叶张宽大厚实，色泽油黑，汤色橙黄，香味醇厚。这些品质特征的形成，就是鲜叶在黑茶制造技术的特定条件下，内含物发生一系列变化的结果。

1. 黑茶色泽的形成　黑茶色泽的形成与茶叶叶绿素被破坏和多酚类化合物发生氧化有密切关系。黑茶类的干茶，色泽黑褐色，汤色棕红色，叶底深红暗棕色。这种色泽的形成，主要是叶绿素被破坏，叶黄素、花黄素、胡萝卜素等的显露，以及多酚类化合物氧化为黄色素和红色素的结果。叶绿素在黑茶初制中逐步减少引起叶色的改变。

在制造过程中，由于多酚类化合物发生部分氧化，而形成了一定数量的氧化物茶黄素、茶红素和一些多聚化合物等，它们分别是橙黄色和红褐色，并参与汤色的组成。

2. 黑茶香气的形成　黑茶经渥堆后粗青气消除，香气纯正。香气的形成虽然与鲜叶原有的芳香物质有关，但更主要的是依靠制造过程中的变化。一些黑茶类的品种，鲜叶经杀青揉捻后，渥堆时随着叶温的升高，青草气逐渐消失，出现清香的酒精气味，进而出现微酸的气味，再深入变化出酸辣的气味。这种气味主要是茶叶在渥堆过程中，糖类物质和有机酸类发生激烈的变化，醇、醛、酸、酮类等有香气的物质不断增加；蛋白质在制造过程中能水解成氨基酸，氨基酸能与多酚类化合物的氧化产物结合成具香气的物质，如氨基酸能与糖类结合成玫瑰香。而原先有青草气的低沸点物质在制造中大量挥发或发生异构化而消除，新形成的一些物质的良好香气显露出来，最终使黑茶香气纯正。

3. 黑茶滋味的形成　黑茶独特的滋味品质主要是在渥堆工序中形成的。在渥堆过程中蛋白质的水解，使氨基酸的含量有所增加，增加了黑茶茶汤的滋味。还有纤维素、半纤维素和原果胶物质在渥堆中，经微生物作用水解成可溶性糖和果胶，它们进入茶汤，能增加醇和的滋味。在渥堆过程中，多酚类的组成更是发生深刻的变化，其中有一部分被氧化，有一部分转化为不溶性的物质沉淀于叶底，花青类及酯型儿茶类等有所损耗，这些物质一般味道苦涩，由于它们被氧化，收敛性减弱。上述这些因素的综合作用，使得茶汤的滋味变得醇而不涩。

二、黑茶的主要加工技术

黑茶成品繁多，炒制技术和压造成形的方法不尽相同，形状多样，品质不一，但有着如下几个方面的共同特点。

1. 原料粗老 黑茶的原料都较粗老，多为新梢形成驻芽时才进行采割，外形粗大，叶老梗长。所以有的黑茶杀青前要对鲜叶灌水，利用水分产生高温蒸汽来提高叶温，使其杀匀、杀透。而且杀青时要求投叶量大，高温短时，揉捻时要求趁热揉捻。

2. 渥堆变色 黑茶都有渥堆变色的过程，渥堆是黑茶品质形成的关键工序，其实质是在微生物和湿热共同作用下，内含物发生一系列复杂而深刻的变化。渥堆的方式不尽相同，有的采用毛茶干坯渥堆变色，如湖北老青茶和四川茯砖等品种；有的采用湿坯渥堆变色，如湖南黑茶和广西六堡茶（图1–21）。

图1–21 黑茶渥堆

3. 高温汽蒸 高温汽蒸的目的在于吸收一定的蒸汽湿热，促使茶坯变软，便于压造成形；同时因湿坯湿热作用，促进内含物质发生一定程度的转化，达到产品外形色泽黑褐油润、汤色橙黄色或者橙红色、香气醇而不涩、叶底黄褐均匀的要求（图1–22）。

图1-22　蒸茶机组

4. 压制成形　黑茶成品大多需要经过压制成形，砖茶在压模内压制成形，固定形状后，进入烘房内进行缓慢干燥，便于长途运输和贮存保管（图1-23）。

图1-23　压茶机组

5. 加工工序 黑茶加工分杀青、揉捻、渥堆、干燥等工序，其中渥堆是黑茶品质形成的关键工序。

（1）杀青：杀青原理、目的与绿茶杀青基本相同，采用锅式或滚筒杀青机，锅温300~320 ℃，当叶色变为暗绿色，叶质柔软，显出清香时即为杀青适度，可下机趁热揉捻。杀青时，应注意高温短时，以闷炒为主，杀透杀匀，不生不焦。但由于黑茶鲜叶的粗大，杀青要根据鲜叶的含水量适量进行洒水灌浆，茶水比为10∶1，灌浆时要边翻动边洒水，使之均匀一致，便于杀青时杀匀杀透。

（2）揉捻：黑茶揉捻分初揉和复揉两道工序。初揉是叶片初步成条，茶汁揉出黏附于叶的表面，为渥堆创造条件。复揉是把渥堆后回松的茶条卷紧。由于鲜叶粗老，叶梗木质化程度高，杀青叶出锅后要迅速趁热揉捻，利于成条。初揉最好选用中型揉捻机，复揉采用小型揉捻机。

使用揉捻机无论初揉或复揉，采取轻压、短时、慢揉，一般都能获得良好的效果。如揉捻过程中加重压、时间长、转速快，则叶肉与叶脉分离形成“丝瓜瓤”，茎梗表皮剥脱形成“脱皮梗”，而且大部分叶片并不因重压而折叠成条，对品质不利。当揉捻机转速为37 r/min，加轻压或中压，时间为初揉15分钟，复揉10分钟时，黑茶揉捻品质为最好。初揉要求粗老叶大部分呈皱褶条，并获得一定数量的细胞破坏率。通过复揉，无论是叶片还是茎梗，其细胞破坏率都有显著增加，对增进成品外形和内质均有重要的作用。

初揉后的茶坯，不需解块即可堆积渥堆。渥堆适度后，则应先行解块，充分抖散搭直茶条，再行复揉。

（3）渥堆：渥堆要选好渥堆场地，应选择背窗洁净的地面，避免阳光直射，室温保持在25 ℃以上，相对湿度保持在85%左右。将初揉后的茶坯立即堆积起来，堆高70~100 cm，上面加盖湿布等物，以便保温保湿。

影响渥堆的因素有茶堆松紧、茶坯含水量、叶温高低、环境温度以及供氧条件等，与黑茶品质的形成有密切关系。渥堆开始是在湿热作用下进行的，因此，适宜的渥堆应保持相对湿度85%左右，室温一般应在25 ℃以上，茶坯水分含量保持在65%左右。如水分过多，容易沤烂；水分过少，渥堆进行缓慢，并且化学转化不均匀。同时，还要保证一定的空气流通，以保持渥堆过程中茶叶内含成分的适度氧化。

当茶坯堆积24小时左右，手伸入堆内感觉发热，叶温达45 ℃左右，茶堆表面出现水珠，叶色黄褐，带有刺鼻的酒糟气或酸辣气时，即为渥堆适度，应立即开堆解块复揉。如叶色黄绿，粗涩味重，则渥堆不足；如叶色乌黑，手握茶坯感到泥滑，并有严重的馊酸气味，则为渥堆过度。

（4）干燥：黑茶的干燥与其他茶类目的相同，主要是散失水分，巩固已形成的品质特征。同时，在干燥过程中，进一步发展和形成黑茶特有的品质风格。但黑茶干燥方式因产地不同，风格各异。目前，干燥方法主要有以下几种。

1）晒干：黑茶传统的干燥方法。利用日光既能去除水分，也能促进茶叶内含成分的理化变化。晒至含水量为13%左右为宜。

2）明火烘干：黑茶传统的干燥方法，一般采用松木进行明火烘干，既去除水分，也可在松木的熏焙下，产生特殊的松烟香味。烘至含水量8%~10%为宜。

3）机械干燥：目前大多数黑茶干燥已采用机械干燥，既能保证产品质量和卫生安全，还大幅提高了生产效率。干燥至含水量为10%左右为宜。

第六节　黄茶加工

黄茶系六大茶类之一，为我国特有茶类。它是由炒青绿茶制法演变而来的，所以在制法上近似于绿茶，但由于增加了闷黄过程，品质与绿茶有着明显的不同，黄茶的品质特点是黄叶黄汤，香气清纯，味厚爽正。

按鲜叶老嫩，黄茶可分成黄芽茶、黄小茶、黄大茶三大类。现在黄茶生产主要在湖北、湖南、安徽、四川、浙江、福建、广东等产区。黄芽茶有君山银针、蒙顶黄芽，黄小茶有远安鹿苑、霍山黄芽等，黄大茶则有皖西黄大茶和广东大叶青等。

一、黄茶的加工原理

黄茶的主要品质特点是黄叶黄汤，而黄叶黄汤的品质特征是在闷黄过程中形成的。

1. 滋味　在闷黄过程中，茶叶中酯型儿茶素在湿热条件下发生强烈的水解作用转化为简单儿茶素，从而导致茶叶中酯型儿茶素的含量大大降低，而简单儿茶素的含量却有一定程度的升高；氨基酸在强烈湿热作用下，发生明显的变化；闷黄中湿热作用还促使淀粉水解成单糖，蛋白质水解成氨基酸。这些变化都有利于黄茶醇厚鲜爽滋味的形成。

2. 色泽　在闷黄过程中，叶绿素在湿热作用下被大量氧化降解，促进黄茶黄叶黄汤品质的形成。

3. 香气　在闷黄过程中，湿热作用导致多糖、蛋白质水解形成单糖和氨基酸，而糖和氨基酸可在加工过程中热作用下进一步转化为香气物质，这些香气物质对黄茶香气品质形成具有重要的意义。

二、黄茶的主要加工技术

黄茶加工分杀青、闷黄、干燥三个基本工序。部分黄茶加工中有揉捻工序。

1. 杀青 黄茶通过高温杀青，以破坏酶活性，制止多酚类化合物的酶促氧化，同时蒸发部分水分，散发青草气，对香气滋味的形成有重要作用。与绿茶一样，黄茶杀青也遵循高温杀青，先高后低的原则，以彻底破坏酶活性，防止产生红梗红叶，并要杀匀杀透。

黄茶的品质特点是黄叶黄汤，因此杀青温度与技术有其特殊之处。与同等嫩度的绿茶相比，黄茶杀青的投叶量偏多，锅温偏低，时间偏长。这就需要杀青时适当多闷少抛，以迅速提高叶温，达到破坏酶活性的要求。同时通过湿热作用，促进内含物向有利于黄茶品质形成的方向发展。

2. 揉捻 黄茶的揉捻可以趁热揉捻，在湿热作用下既有利于揉捻成条，也起到闷黄作用。同时，热揉后叶温较高，有利于加速闷黄过程的进行。因此，黄茶在杀青后期或杀青后，边炒边揉，即加热揉捻做条。黄茶揉捻用力要轻，防止茶汁被挤出，色泽变黑。

3. 闷黄 闷黄是黄茶加工的独特工艺，也是黄茶品质形成的关键工序（图1–24）。黄茶闷黄有在杀青或揉捻后的湿坯闷黄，也有在初烘后的干坯闷黄。影响闷黄的主要因素有茶叶含水量和叶温。

闷黄的初始叶温和闷黄叶的保温条件对闷黄的影响较大。为了控制黄变的进程，

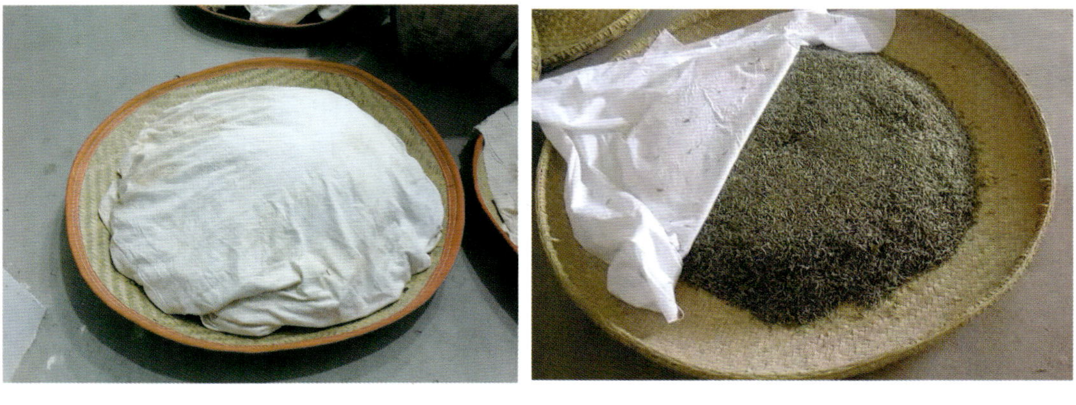

图1–24　闷黄

通常要采用趁热闷黄，有时候还要用烘、炒等方式来提高叶温，促进黄变；但必要时也可通过翻堆来降低叶温。闷黄过程中要控制茶坯的含水量变化，防止水分的大量散失，尤其是湿坯堆闷时要注意环境的相对湿度和通风状况，必要时应盖上湿布以提高局部湿度和控制空气流通。

闷黄时间长短与黄变要求、茶坯含水量、叶温密切相关。一般杀青或揉捻后的湿坯闷黄，由于叶子的含水量较高，变化较快，闷黄时间较短，不同茶类闷黄时间从数十分钟到数小时不等；而初烘后的干坯闷黄，由于叶子的含水量少，变化较慢，闷黄时间较长。

4. 干燥　黄茶干燥一般采用分次干燥。干燥的方法有烘干和炒干两种。干燥的温度比其他茶类偏低，且遵循先低后高的原则。先低温烘炒，实际上是减慢水分的蒸发速度，创造湿热条件，使茶叶在缓慢地干燥失水的同时，在湿热作用下，内含物进一步缓慢地转化，有进一步闷黄的作用。这样边干燥边闷黄，使品质的形成和发展更加完善。后期采用较高温度的烘炒，固定已经形成的黄茶品质，同时在干热条件下，进一步发展香味（图1–25）。

图1–25　干燥

第七节 白茶加工

白茶是我国六大茶之一，主要产于我国福建省福鼎市和南平市政和县、松溪县、建阳区等地，台湾也有少量生产。

传统白茶工艺独特，不炒不揉，成茶满披白毫，色泽银白灰绿，汤色清淡。白茶依鲜叶嫩度不同制成的成茶花色，可分为银针白毫、白牡丹、贡眉和寿眉。用大白茶新梢的肥芽制成的白茶称为银针。以大白茶品种或水仙品种的一芽二叶初展嫩梢制成的称为白牡丹。以短小的芽叶和大白茶单片制成的称贡眉或寿眉。

值得注意的是，浙江省安吉县有一种特殊的白化茶树品种。在春季低温的情况下，茶树叶片呈淡黄色，似白色。以其为原料，用绿茶加工工艺生产的茶叶产品，称为安吉白茶，闻名全国。但安吉白茶还是属于绿茶的范畴，应与六大茶类中的白茶区别开来。

一、白茶的加工原理

白茶加工工艺简单。传统白茶加工仅有萎凋和干燥两个工序，且工序间无明显界限。白茶特有的外观色泽、叶态及香味，主要是在萎凋过程中形成的。白茶由于长时间的萎凋引起叶内复杂的理化变化，从而形成茶叶满披白毫，色泽银白光润，具有清鲜毫香和清甜滋味。

在萎凋过程中，叶绿素和胡萝卜素易被破坏，而叶黄素性质较稳定，使叶子的绿、黄色泽发生变化。同时在长时间的萎凋过程中，由于叶内水分的散失，细胞液浓度的改变，细胞透性的加强，使多酚类化合物与多酚氧化酶接触产生酶促氧化缩合。但因叶子未经揉捻，这种酶促氧化是很缓慢、有限的，而且在叶绿素还未完全破坏之前，叶子含水量下降到一定程度（含水量13%）后，酶的活性下降，多酚类化合物氧化缩合作用受到抑制。就在这样绿、黄、红三种色素的复杂变化和影响下，形成白茶特有的灰绿色泽。

白茶在萎凋过程中，叶背失水比叶表快，引起叶背和叶表张力的不平衡，使叶缘由叶表向叶背垂卷。萎凋后期的并筛是促进叶缘垂卷的重要措施，可以防止贴筛所造成的平板叶态。

在萎凋前期，鲜叶水分蒸发，使叶细胞内含物浓度加大，酶的活性增强，有机物质趋向于水解，淀粉和蛋白质水解为单糖、氨基酸，多酚类化合物酶促氧化缩合，为白茶滋味的形成奠定了物质基础。萎凋后期，酶的活性逐渐下降，酶促氧化逐渐为非酶促氧化所代替，可溶性多酚类化合物与氨基酸，氨基酸与糖的互相作用形成芳香物质，某些带有青草气的醇、醛和儿茶素发生异构作用，因此在萎凋结束时，苦涩味和“青气”部分消失。在并筛和摊放的过程中，叶堆的温湿度促进了细胞内含物的化学变化，对芳香物质的形成，以及苦涩味和“青气”的消失，都起了很大的作用。最后的烘焙过程，除了排出多余水分外，还起到抑制酶的氧化作用，酯型儿茶素逐步减少，使涩味进一步消失，并固定滋味品质。

二、白茶的主要加工技术

1. 传统白茶加工技术　传统白茶的制造只有萎凋和干燥两道工序。在晴朗的天气条件下，萎凋和干燥实际上是一个连续的过程，只在含水率减少至18%~25%时进行一次并筛。在恶劣的天气条件下，萎凋到一定的失水程度，就进行烘焙干燥。白茶萎凋过程中失水的速度是先快后慢。在萎凋开始后24小时内，失水较快；24小时后，失水速度逐渐减慢。

（1）萎凋：在萎凋过程中，鲜叶失水的速度、均匀度和萎凋叶失水程度，均受到温度、湿度、通风条件的影响，对品质的形成起着十分重要的作用。温度高、空气相对湿度小，叶内水分散发快；温度低、空气相对湿度大，则叶内水分散发慢（图1–26）。

图1–26　白茶萎凋

水分散发的快慢直接影响到萎凋时间的长短。因此，对温、湿度必须掌握和控制好，一般室温要求20~25 ℃，空气相对湿度70%左右，历时50~60小时为宜。

群众制白茶有“天热变红、天冷变黑”的说法。实践证明，失水速度太快，全程总历时太短，理化变化不足，成茶色泽枯黄或燥绿，香青味涩；失水速度太慢，全程总历时太长，理化变化过度，成茶色泽暗黑，香味不良。如遇低温高湿（阴雨）的天气条件，萎凋叶含水率下降到30%~35%，失水速度非常缓慢时，即应结束萎凋进行烘焙。此外，遇到先晴后雨，先雨后晴，闷热或雷雨等天气突变情况时，就更不能过分强调萎凋叶的失水程度，必须及时上烘，防止泛红劣变。

（2）干燥：烘笼（焙笼）烘焙是旧时的白茶干燥方法，主要用于自然萎凋和复式萎凋的福鼎白茶生产。其方法有一次烘焙与二次烘焙法。萎凋叶达九成干的，采取一次烘焙，每焙笼摊1~1.5 kg，火温掌握在70~80 ℃，焙时15~20分钟。萎凋叶只达六七成干时，烘焙须分两次进行，初焙用明火，摊叶量0.75~1 kg，温度为100 ℃左右，焙时10~15分钟，焙至八九成干，下焙摊凉0.5小时后进行复焙。复焙用暗火，温度80 ℃左右，焙时10~15分钟至足干（图1–27）。

图1–27　焙笼

2. 新工艺白茶加工技术 为了满足外销市场的需求，创制了新工艺白茶，与传统工艺白茶相比，新工艺白茶增加了堆积（发酵）、揉捻的工序。

新工艺白茶外形叶张略有缩折，呈半卷条形，色泽暗绿略带褐色。汤色橙红；茶汤味似绿茶但无清香，又似红茶而无酵感；叶底展开后可见其色泽青灰带黄，筋脉带红。

新工艺白茶鲜叶原料较白牡丹嫩度低，一般为一芽三叶左右。新工艺白茶加工工艺分为萎凋、堆积、揉捻、烘焙4道工序。

（1）萎凋：可采用自然萎凋或者加温萎凋。在正常天气条件下一般采取自然萎凋，鲜叶在水筛上萎凋至叶张萎缩贴筛，手握绵软而有弹性，放开后可自然松散，叶色由翠绿转化为灰绿，茸毛显现白色，叶缘微卷，“青气”减退，甜醇香气初显即为适度。萎凋一般历时24~36小时，萎凋叶含水率为25%~30%。

阴雨天采用室内加温萎凋，萎凋室内温度控制比室外高8~10 ℃，萎凋历时18~24小时。用萎凋槽加温萎凋时，温度控制在24~36 ℃，鲜叶厚度8 cm左右，每隔30~60分钟翻动一次，历时12小时，但此方法萎凋质量较差，一般少用。

（2）堆积（发酵）：萎凋适度后，即下筛堆积于地板上，厚30 cm左右，不要压实，堆积场所要求空气流通，叶堆温度要比室温高2~4 ℃，历时2~6小时，以叶脉叶茎转为红褐色，叶张色泽由浅灰绿转为深灰绿或褐色，青臭气消失，甜香显现为适度。

（3）揉捻：揉捻是新工艺白茶区别于传统白茶的特有工序，新工艺白茶揉捻以轻压、短时为特点。嫩度好的不压（即桶盖放置揉桶内叶面上）或稍加压，揉叶3~5分钟，中档叶轻压揉5~10分钟，低档叶中压揉10~20分钟，至叶张略呈卷缩，部分茶汁挤出为适度。

（4）烘焙：用烘干机烘焙，进风温度为100~120 ℃，烘至足干。

第二章　河南省主要茶类机械化加工技术

第一节　信阳毛尖机械化加工技术

信阳毛尖茶是指信阳行政区域内的自然生态环境条件下，采自当地传统的茶树群体种或适宜的茶树良种进行繁育、栽培的茶树的幼嫩芽叶，经独特的工艺加工而成，具有特定品质的条形绿茶。信阳毛尖加工工艺是在清代后期形成的，以外形细圆紧直、色泽翠绿、白毫显露、内质汤色嫩绿明亮、滋味鲜爽回甘、香气馥郁持久而享誉国内外。目前，信阳毛尖茶加工分手工加工、半手工半机械化加工、机械化加工三种加工方式。信阳毛尖茶全程机械加工工艺流程为：鲜叶筛分→摊放→杀青→揉捻→解块分筛→理条→初烘→摊凉→复烘。

一、鲜叶筛分

将鲜叶均匀放在筛分机上，筛分机电机驱动平面定心运动机构和摆动机构产生复合振动，使筛上的鲜叶弹跳振动、定向位移达到筛选分级。鲜叶筛选机根据筛网孔径大小，对初制绿茶一次筛选一般可分出4个级档，特别是中、低档鲜叶，通过筛分，将老嫩大小不一的鲜叶区分，实现分级付制（图2–1）。

图2–1　筛分机

二、摊放

鲜叶放在室内阴凉通风处进行自然摊晾，使鲜叶中的水分、青草气等初释放，利于后续杀青工序，确保杀青叶的杀透杀匀。鲜叶经筛分后，应及时摊放。薄摊在箩席上，摊放厚度4~5 cm，每隔2小时翻一次；摊放时间6~8小时。至叶质变软，叶色由鲜绿变暗绿，鲜叶减重率为12%左右为宜（图2–2）。

图2–2 鲜叶摊放

三、杀青

杀青是绿茶初制工序之一，杀青机是茶叶杀青过程中必不可少的加工设备。杀青的主要功能是彻底破坏酶的活性，促进茶叶内含物的适度转化，同时散发青臭味，降低含水量让茶叶变软利于做形。目前，茶叶杀青常采用金属传热方式的干热杀青方法，多采用滚筒杀青机和锅炒杀青，以柴、煤、电、天然气为主要加热能源（图2–3）。

我国的茶叶杀青机有很多种，常用的为滚筒式杀青机。根据滚筒内径的不同，滚

图2-3　杀青机

筒式杀青机一般标准型有30、40、50、60、70、80、90、100。杀青机的型号编制应符合《农机具产品　型号编制规则》（JB/T 8574—2013）的规定。型号主要由类别代号、特征代号和主参数三部分组成，特征代号“T”表示滚筒式杀青机，主参数为滚筒内径，单位为 cm，茶叶杀青机型号标记示例如图2-4所示。

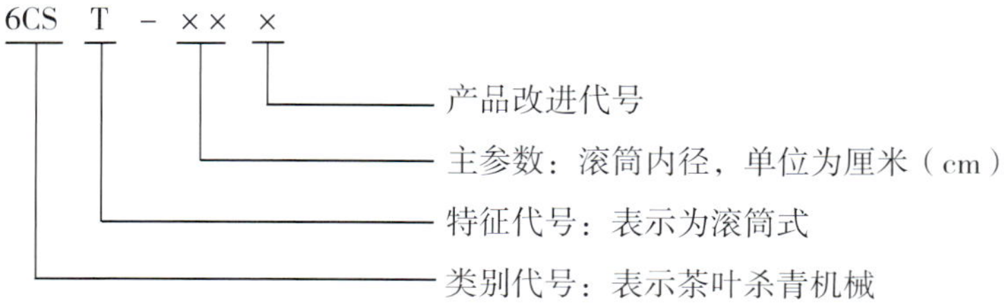

图2-4　茶叶杀青机型号标记示例

茶叶滚筒杀青机是利用筒体的运转，让茶叶通过筒体内的导叶板不间断输送出来。杀青叶颜色由鲜叶的翠绿转为暗绿色，是因为叶子中的叶绿素在高温杀青过程中发生了脱镁、水解等化学反应，同时也为加工过程中从色泽上判断杀青程度提供了具体指标。

摊放后的鲜叶，用6CST-50型、6CST-60型、6CST-70型、6CST-80型滚筒杀青机杀青，滚筒温度控制在220~230 ℃（表显），具体温度根据不同温控探头位置和误差正负区间而异，一般用远红外测温仪测量进叶口桶壁、出叶口桶壁，或者进叶口、出叶口叶温。按照台时产量标准均匀投入鲜叶，杀青时间掌握在1~1.5分钟，以鲜叶失去光泽，梗折不断，叶质柔软，手捏成团并稍有弹性，无青草气为适度。鲜叶杀青后要立即摊凉，开启电风扇，降低叶温。

四、揉捻

揉捻的作用除了做形，主要是造成细胞破碎、茶汁溢出，通过揉捻可以卷紧茶条，减小体积，为炒干成条打好基础。根据揉捻是否加热的不同，揉捻方式可分为热揉、冷揉、冷热结合三种方式。冷揉是应用较为广泛的揉捻方式，大部分绿茶通常都采用冷揉的方式，而信阳毛尖多采用冷热结合的揉捻方式。通常，杀青叶先通过揉捻机冷揉，再经过茶叶炒制机（俗称排耙）热揉。通过揉捻机冷揉杀青叶投入揉捻机做形，使得茶叶细胞适度破碎，茶汁浸出，溢出的茶汁附着在已成形的叶表面，干燥后冲泡才能泡出颜色和滋味。在高温条件下，茶叶功能性物质通过异构、水解、氧化、焦糖化等化学反应形成丰富的茶叶香气和滋味物质，同时散失部分水分更加接近成茶品质。将青叶装入揉捻机中，通过揉捻机的揉桶相对运动，叶片受到了来自揉桶盖、揉桶壁、揉盘、揉盘楼骨及叶片本身自重等各种力的综合作用，在揉桶中产生向上翻转、挤压、摩擦、扭卷的揉捻成条作用（图2–5）。

图2–5 揉捻机

我国的揉捻设备一般采用弹簧加压盘式揉捻机，利用揉盘和揉桶做相互圆周转动，将叶片揉挤为条并压出叶汁。我国的茶叶揉捻机是制茶产业的早期设备，是首个颁发标准的茶机设备。根据JB/T 8574的规定，型号分别由类别代号、特征代号和主参数三部分组成，茶叶揉捻机型号标记示例如图2-6所示。其中，特征代号是指在普通的揉捻机基础上增加功能后表现出来的特点，如K表示增加程序控制装置；主参数为揉桶外径，单位为 cm，一般标准型有25、35、45、55、65、75。

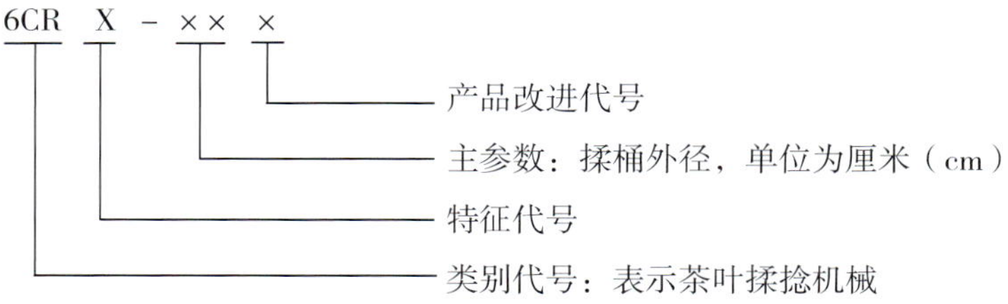

图2-6 茶叶揉捻机型号标记示例

用6CRW系列揉捻机进行揉捻时，按照揉捻机投叶量要求投入杀青叶，揉捻压力掌握“轻—重—轻”的原则，高档茶揉捻程度宜轻或不加压，中低档茶适当增大压力。揉捻时间，高档茶为6~10分钟，中低档茶为15~30分钟，揉捻至茶条卷拢，茶汁稍沁出，成条率85%以上，即可下机解块。揉捻过重，虽能揉紧茶条，但茶汁被挤出附于叶表，易使茶多酚被氧化，叶绿素脱镁变色，成茶色泽灰暗。

五、解块

鲜叶揉捻完毕后，需要尽快将成团块的茶叶分开，迅速降低温度，以避免产生闷味及干燥不足，产生闷酸现象。为了避免上述情况发生，通常用解块机对揉捻后的茶叶进行解块打撒。揉捻叶下机后，用6CJF-40型解块机进行解块（图2-7）。

图2-7 解块机

六、理条

理条是名优茶加工的一个重要工序，主要包括抓条和甩条两种手法，目的是塑形、失水、显毫和提香。往复式理条机被广泛应用到条形绿茶的加工过程中，通过槽锅的往复运动，带动茶叶在锅壁内来回翻转和摩擦，将茶叶挤压成条，让茶叶具备挺直、整齐和色绿的特点。

茶叶理条机作为绿茶做形的关键设备之一，主要包括机架、多个槽锅、偏心轮连杆机构、热源装置、减速传动机构等部件，应用较为广泛的机型是多槽“U”形锅式理条机。茶叶理条机工作时，加热装置给槽锅内的茶叶加热，同时曲柄滑块机构带动槽锅做往复直线运动，通过运转茶叶沿着内壁运动到一定高度后会被抛落到另一面沿着内壁运动，茶叶的位置相互变动，重复进行这个过程，经过了均匀的翻动让成条的茶叶受力均匀，让茶叶在槽锅内沿着锅内壁摩擦、滚动，并挤压成条。茶叶在理条过程中，热风会通过带孔的锅体给茶叶辅助加热，增强茶叶的提香和定型效果。

根据JB/T 8574的规定，型号主要由类别代号、特征代号和主参数三部分组成，茶叶理条机型号标记示例如图2-8所示。其中，特征代号×表示连续式理条机，间歇式则不标特征代号，其主参数由槽锅数和槽锅长度组成，槽锅长度单位为cm。

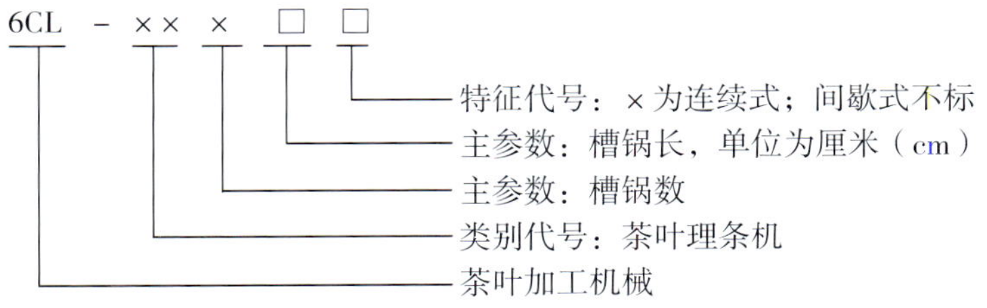

图2-8　茶叶理条机型号标记示例

选用6CLZ-60系列往复理条机，锅温控制在90~100 ℃，投叶量0.75~1.00 kg。炒至条索紧直，含水量25%左右即可出锅，时间5~6分钟（图2-9）。

七、初烘

烘干是制茶的一道基本工序，茶叶经过烘干可以降低茶叶含水率，降低茶叶青涩味。茶叶烘干机有滚筒烘干、带式烘干、塔式烘干、箱式烘干等几种模式，主要以电、气为加热能源。茶叶在烘干过程中会有热风气流，从尾部向前流动，与茶叶充分接触，通过空气对流和热传导、热辐射的方式，将热能直接传递给茶叶，蒸发茶叶内的水分，

图2-9　理条机组

利用进料口的引风装置排出大量的水分和湿气，再通过内螺旋搅拌和抄板推动茶叶，完成烘干过程（图2-10）。

图2-10　链板烘干机

根据JB/T 8574的规定，型号主要由类别代号、特征代号和主参数三部分组成。茶叶烘干机按结构、工作特点分为链条烘板式和流化床式，特征代号分别为B和C，链条烘板式烘干机分为自动连续型和手动间歇型，特征代号分别为Z和S。茶叶烘干机以有效干燥面积为主参数，单位为m^2。茶叶烘干机型号标记示例如图2-11所示。绿茶烘焙的作用，并不仅仅是为了提香，主要是为了干燥和杀酶，防止进一步氧化，烘焙的过程中叶面上的脂肪酸在高温下产生不同的风味物质是附带的收益。用热风炉产生的纯净热风，加强热风通风量的合理调整，热风温度35~260 ℃可控，湿风由顶层直接排空，湿风与物品接触时间极短，多层烘干箱循环旋转，充分利用热风烘干脱水。

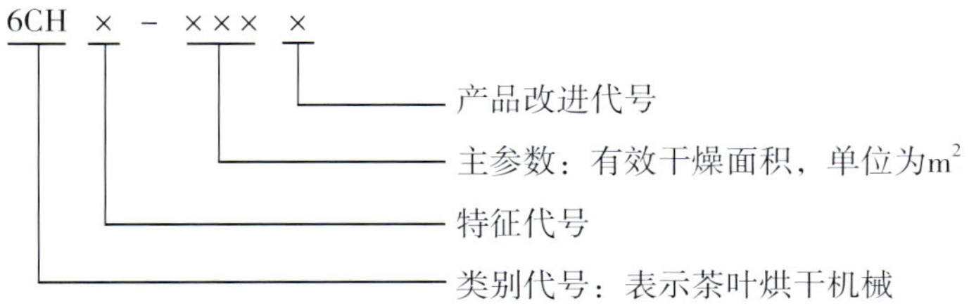

图2-11 茶叶烘干机型号标记示例

用6CHW系列连续烘干机时，将理条后的茶叶均匀摊放在传送网上，厚度1 cm，控制温度120 ℃左右，烘干时间8~10分钟，烘至含水量10%~15%即可。信阳毛尖初烘温度一般控制在120~140 ℃。

八、摊凉

初烘后的茶叶要充分摊凉，摊凉时间4~6小时，散发热气，防止闷黄，促使茶叶内含水分重新均匀分布，以利于茶叶继续烘干。

九、复烘

用6CHW系列连续烘干机或烘笼进行。采用低温慢烘方法，温度80 ℃左右，时间25~30分钟，烘至茶叶含水量为5%~6%时下烘，充分摊凉后包装密封。

十、全程机械加工绿茶应注意的几个问题

一要机械加工与手工制作相结合。机械制茶不能完全取代手工制作，春茶生产前期的高档茶，由于数量少，芽叶细嫩，宜采用手工制作，以后随着鲜叶数量的增加，可采取机械与手工结合的方法。中低档茶应以机械生产为主。二要制茶机械的选型合理与配套。制茶机械的选型、配套是否适当，关系到茶叶的制作质量，要根据茶叶生产规模

来确定，同时要掌握机械的结构、性能和使用方法。三要协调处理好制品投叶量、温度、时间等因素的关系。信阳毛尖茶机械加工工艺的杀青、揉捻、理条工序是品质形成的关键工序，要根据鲜叶质量，掌握“看茶做茶”的原则，杀青、理条工序投叶量、温度、时间以及揉捻压力、时间等因素应协调控制，从而达到工艺要求，保证成茶质量。

近两年滚筒杀青机结构有所改进，出茶口为锥体，直径逐渐变大，并可利用余热向筒内送热风，作业时十分有利于蒸气的散发，实现透闷结合、先闷后透，杀青质量较好。往复振动理条机速度可调，并可送热风，有利于改进茶叶外形和色泽。理条工艺创造性地发明了理条槽内加铁丝的理条工艺，使条索更紧且圆直。近年来一些科研院所在毛尖茶机制茶工艺提升上，研究出一套滚筒杀青机杀青和微波杀青相结合的杀青工艺，条形茶炒茶机（俗称排把）和理条机相结合的做形工艺，保证了机制茶符合传统信阳毛尖茶的品质特征，在部分规模以上企业应用推广（图2-12）。

图2-12　做形机组

第二节　信阳红茶机械加工技术

2010年河南省信阳市委、市政府提出，要立足信阳市丰富的茶叶资源优势，在保护和丰富信阳毛尖绿茶金字招牌的同时，调整茶叶产品结构，大力开发生产红茶。从2010年春季开始，信阳市成功研制开发生产“信阳红”条形红茶。该红茶具有外形条索紧细、色泽棕润多金毫、内质汤色红亮、香气甜香持久、滋味醇厚甘爽、叶底嫩匀红亮的品质特征。

“信阳红”红茶原料要求有较高的嫩度，一般春茶采摘标准为单芽、一芽一叶、一芽二叶或一芽三叶初展，夏秋茶为单芽、一芽一叶或一芽二叶初展。信阳红茶的加工需经过萎凋、揉捻、发酵、烘干、精制等工序。

一、萎凋

萎凋是红茶加工的第一道工序，是指鲜叶在一定条件下逐步均匀失水，发生一系列理化变化的过程，是形成红茶品质的重要工序。萎凋的目的，一是适当蒸发水分，降低细胞张力，使叶质柔软，韧性增强，便于揉捻成条；二是伴随水分散失，叶内细胞汁浓缩，为形成红茶品质创造条件；三是促进芳香物质转化，散发鲜叶的青草气，发展萎凋叶特有的清香。萎凋的方法主要有自然萎凋、萎凋槽萎凋等。自然萎凋包括日光萎凋和室内自然萎凋。

日光萎凋是将鲜叶直接薄摊在日光下进行萎凋的一种方式，利用太阳斜射光或散射光进行萎凋。日光萎凋简便，萎凋速度快，但受自然条件限制较大，萎凋程度较难掌握。日光萎凋气温在25 ℃左右较为理想，一般春茶在上午11时前，下午1时30分后进行；夏秋茶上午10时前，下午3时后进行，中午日光强烈容易损伤鲜叶，不宜进行。也可在日光下搭建遮阳网，遮阳网内置萎凋帘或铺垫竹席。萎凋时，将叶片薄摊在萎凋帘或竹席上，以叶片基本不重叠为适度，摊叶量约为0.5 kg/m^2。萎凋时间，春茶一般1~2小时，夏茶1小时左右。在萎凋过程中要勤翻拌，越近中午翻拌越频繁，使萎凋均匀。萎凋叶要及时收回室内摊晾，并结合翻拌让其尽快散发热气，使揉捻前叶片温度与室温相近。

室内自然萎凋是将鲜叶薄摊在室内，利用自然气候条件进行萎凋的一种方法。采用室内自然萎凋，茶叶品质较日光萎凋要好。萎凋室要求四面通风，门窗多使用容易开闭的百叶窗，便于控制空气流通和温湿度，如有条件可装置几个风扇，无阳光直射入室内。萎凋架一般8~12层，层距20~30 cm，底层离地不少于50 cm，最高层距天花板不少于50 cm，摊叶量0.5~0.6 kg /m^2，厚度一般2 cm左右。正常气候条件情况下，萎凋时间18~24小时；在温度较高、相对湿度低时，萎凋时间可缩短到10~12小时；在阴雨低温时，萎凋时间可延长至30~36小时；也可采用风扇加速空气流动，以缩短萎凋时间。

萎凋槽萎凋是人工控制的半机械化的加温萎凋方式。自然萎凋常受气候条件的限制，萎凋槽加温萎凋设备结构简单、操作方便、工效高、成本低，不受低温阴雨天气影响，能适应大规模生产需要。如果能够熟练掌握使用萎凋槽加温萎凋，萎凋质量可与自然萎凋相媲美，且产品质量稳定，是一种较好的萎凋方式。萎凋槽由炉灶、鼓风机、槽体、盛叶框四部分组成。萎凋槽体一般长1 000 cm，宽150 cm，高60 cm，上装木架，安放盛叶框，也有用竹帘或尼龙筛网。槽底呈缓坡，一般进口50 cm内呈18° 斜坡，随后做成2.5°~3° 的斜坡；盛叶框四面木制，宽为90~100 cm，长度视槽体宽度而定，一般为150 cm，高度为20 cm，框底用14目的不锈钢丝网或尼龙丝网（图2–13）。

图2–13　萎凋槽

萎凋时将鲜叶均匀摊放在盛叶框中或萎凋帘、网上，采取嫩叶薄摊、老叶厚摊的方式，厚度以14~18 cm为适度，不应超过20 cm。摊叶时要把叶子抖散摊平，使鲜叶呈蓬松状态，厚度、松度一致，以利通风均匀。

鼓风机用7号轴流式风机，功率2.8 kW，风量16 000~20 000 m^3/h。摊好叶后，将炉灶产生的热空气，送入萎凋槽内，热空气温度控制在35 ℃左右，温度过高（超过35 ℃）叶子失水过快，理化变化激烈，萎凋不匀，芽叶叶缘枯干，易发生红变。在萎凋过程中要适时翻拌，动作要轻，让上下层叶对翻并抖松，增加叶层间通气性，使萎凋均匀。一般约每1小时翻拌一次，翻拌时要停止鼓风，雨露水叶在萎凋前期每30分钟需翻抖一次，以便叶面水分散失。

萎凋时间长短与鲜叶老嫩、含水量多少、萎凋温度、风力强弱、摊叶厚薄、翻拌次数等相关。如温度高、风力大、摊叶薄、翻拌勤，萎凋时间会缩短；反之则会延长。萎凋时间长短与茶叶品质关系极大。萎凋时间长，茶叶香低味淡，汤色和叶底暗；萎凋时间短，程度不匀，发酵不良，叶底花杂。时间以达到萎凋适度为终止时间，一般所需时间为4~5小时，最好能控制在8~10小时。

掌握萎凋适度是制好信阳红茶的关键。萎凋不足或过度，红茶品质都不好。萎凋不足，萎凋叶含水量偏高，化学变化不足，揉捻时茶叶易断碎，条索不紧，茶汁大量流失，发酵困难，制成毛茶外形条索短碎，多片末，内质香味青涩淡薄，汤色浑浊，叶底花杂带青。萎凋过度，萎凋叶含水量偏少，化学变化过度，茶叶枯芽焦边、泛红、揉捻不易成条、发酵困难，制成毛茶外形条索短碎、多片末、内质香低味淡、汤色红暗、叶底乌暗。萎凋不匀，揉捻和发酵都困难，毛茶外形条索松紧不匀，叶底花杂。

萎凋应掌握适度偏轻原则，即所谓“宁轻勿重”，严防萎凋过度。感官判断萎凋适度的方法有以下几种：①叶质，手捏柔软如棉，紧握成团，松手不弹散，嫩梗折而不断；②叶色，眼观叶面光泽消失，由鲜绿变为暗绿，无枯芽、焦边、泛红；③香气，鼻嗅青臭气消失，发出轻微的清新花香或水果香。

萎凋叶含水量以58%~62%为适度。鲜叶原料嫩度和生产季节不同，萎凋程度掌握略有不同，老叶嫩萎凋，嫩叶老萎凋。一般春茶萎凋程度宜重，含水量控制在58%~60%，以消除“青气”“青味”；夏秋季宜轻，含水量控制在60%~62%，鲜爽度好。减重率在30%~40%。

二、揉捻

信阳红茶要求外形条索紧结，内质滋味浓厚甜醇。品质高低取决于揉捻过程中芽叶卷紧的程度和叶细胞损伤率。

揉捻的目的一是破坏叶细胞，使茶汁外溢，加快多酚类化合物的酶促氧化，形成红茶特有的内质奠定基础；二是使叶片揉卷成条索，形成优美外形；三是使茶汁必聚于叶条表面，形成油润外形，冲泡时易溶于水，增加茶汤的浓度。

揉捻在揉捻室进行。揉捻室的温度要求在20~24 ℃，相对湿度85%~95%，并避免阳光直射，保持室内空气新鲜。夏秋季节气温高、湿度低，可在揉捻室地面洒冷水或喷雾，以降低室温，提高相对湿度。揉捻采用65、55或40型揉捻机。投叶量要适中，以自然装满揉桶为宜，一般嫩叶可适当多投，老叶可少投。超量投叶，会造成叶子在揉桶中翻动受阻，出现揉捻程度不匀，且会使揉捻叶温升高。按揉捻机桶径大小计算，直径65 cm，每次投叶50~60 kg；直径55 cm，每次投叶30~35 kg；直径40 cm，每次投叶7~8 kg。较粗老鲜叶或嫩度不匀的鲜叶，可分二次揉捻，对于嫩度高、匀度好的叶子可一次揉捻。中小型揉捻机一般揉捻60~70分钟，分2次揉，每次30~35分钟，老叶可适当延长揉捻时间。揉捻应按照“轻—重—轻”的加压原则进行，嫩叶轻压，老叶重压。揉捻开始或第一次揉不加压，使叶片初步成条，而后逐步加压卷成条，揉捻结束前一段时间减压，以解散团块，散发热量，收紧茶条，回收茶汁。但老叶最后不必轻压，以防茶条回松。

揉捻充分是发酵良好的必要条件，如揉捻不足（轻揉），细胞破坏不充分，发酵不匀，茶汤味淡薄并有青臭，叶底花青。揉捻适度一般要求细胞破坏率达85%以上，叶片成条率90%以上，条索紧卷，茶汁充分外溢，黏附于叶表面，局部揉捻叶泛红。因此，揉捻一般采用两次揉捻，第一次揉捻后，将揉捻叶投入解块分解机，通过2~3目筛网，筛下的叶紧条细，直接进入发酵室发酵，筛面粗松揉叶进行第二次揉捻。一次揉捻加压的方法是：不加压（15分钟）→轻压（10分钟）→中压（15分钟）→重压（10分钟）→松压（5分钟）→解块发酵。较粗老鲜叶或嫩度不匀的鲜叶，可分二次揉捻，加压的方法是：第一次揉捻（40分钟）→不加压（10分钟）→轻压（15分钟）→逐渐加至中压（10分钟）→重压（10分钟）→松压（5分钟）→解块分筛。筛下进行单独发酵，筛上进行第二次揉捻（25~30分钟）→轻压（5分钟）→重压（20分钟）→松压（5分钟）→解块发酵。

三、发酵

发酵是红茶品质形成的关键工序，其目的是通过调节温、湿度，促进多酚化合物的酶促氧化缩合，形成红茶色泽和滋味；使叶子变红，减少青气并形成浓郁的香气，增加茶汤浓度，减少苦涩味。

发酵一般使用专用发酵室，用发酵框或盒发酵，控制好温度、湿度、通氧、摊叶厚度、时间等条件。发酵室应大小适中，清洁卫生，无异味。窗口朝北，离地1~1.5 m便于通风，避免阳光直射。要有加温、加湿和通风降温设施，有温度、湿度计量器具，发酵室内置发酵架，发酵框或盒置于发酵架上，发酵架约分8层，每层间隔25 cm左右。发酵框为竹编，透气性好，但清洗不便。发酵盒为木制，一般长80 cm，宽60 cm，高10 cm。也可用塑料食品周转箱。揉捻叶放在发酵框或盒里，摊叶厚度一般为8~12 cm，送入发酵室内进行发酵。

温度对发酵影响很大，包括气温和叶温两个方面，气温直接影响叶温。发酵过程中，多酚类氧化放热，使叶温提高；当氧化作用减弱时，叶温降低。因此，叶温有一个由低到高再到低的过程。叶温一般比气温高2~6 ℃，有时温差高达10 ℃以上。要求发酵叶温保持在30 ℃以下为宜，气温控制在24~25 ℃为佳。如气温和叶温过高，多酚类氧化过于剧烈，毛茶香低味淡，汤色叶底暗，因此在高温时（叶温超过35 ℃）时，必须采取降温措施，如薄摊叶层、降低室温等；反之，如春季，温度过低，氧化反应缓慢，发酵难以进行，必须加厚叶层，或采取加温措施，以利保温。湿度对发酵的影响也很大。生产经验表明，发酵室的相对湿度要求达到95%以上，愈高愈好，避免因湿度低、水分蒸发快而造成表层叶水分散失而干硬，氧化作用受到抑制，产生发酵不足或不匀。为保持高湿度，发酵室内可装置热水喷雾（夏天用冷水喷雾）或通入热蒸汽以提高发酵室的温湿度。也可在发酵盘中盖湿布，达到保湿目的。发酵中需消耗大量氧气，因此，发酵室必须有良好通气条件。同时，还应注意发酵室避免日光直射。

发酵时的摊叶厚度为8~12 cm，嫩叶和叶型小的薄摊，老叶或叶型大的厚摊；气温低要厚摊，气温高要薄摊。春茶厚些，夏秋茶薄些。叶层厚薄均匀，不要紧压，以保持通气良好。摊叶厚度影响通气和叶温，摊叶过厚，通气条件不良，叶温增高快；摊叶过薄，叶温不易保持。发酵时间依叶质老嫩、揉捻程度、发酵条件不同而有差异，一般从揉捻开始起算，需2.5~3.5小时。春茶季节，气温较低，嫩度高的茶需2.5~3小时，中低档茶需3~3.5小时；夏秋季气温高，揉捻结束，若叶片普遍泛红，已达到发酵适度，不需再继续发酵，应直接烘干。但应注意，不能认为发酵过程可有可无，不能用延长揉捻时间来代替发酵工序。发酵程度的掌握是红茶发酵技术的一个重要环节。检验方法为闻香气、看叶色，大批生产的最好开汤看叶底，检查发酵程度。发酵过程香气由“青气”、清香、花香、果香到熟香，以后逐渐低淡。发酵适度的叶子，有花香或果香；发酵不足，有青气；发酵过度，香气低闷，甚至酸馊。同时，发酵过程叶色由青绿色、黄

绿色、黄色、黄红色、红色、紫红色到暗红色。一般春茶发酵，要求叶色为黄红色时为适度，夏茶以红黄色为适度。叶质老嫩不同有异，嫩叶色泽红润，老叶因发酵较困难而显红里泛青；发酵不足，叶色青绿或青黄。发酵过度，叶色红暗。在生产上，对发酵程度的掌握一般要求偏轻，有"宁轻勿重"之说。因为"轻"可以在干燥过程中进行补救，常用低温烘干补救，但过度则无法挽救，品质受影响。春茶气温低，发酵必须充分；夏秋气温高，在干燥的前一阶段发酵仍继续进行，如果待发酵充足时才干燥，则往往造成发酵过度，因此75%发酵叶泛红即可上烘（图2-14）。

图2-14　红茶发酵机

四、干燥

干燥是红茶的最后一道工序，也是决定品质的最后一关。干燥的目的一是利用高温停止酶促氧化作用；二是蒸发水分，紧缩茶条，使茶叶充分干燥，防止非酶促氧化，利于品质的相对固定，便于贮藏；三是散失青臭气，进一步提高和发展茶香。

干燥主要有烘笼烘干和烘干机烘干两种方式。烘笼烘干多为茶叶生产专业户采用。大型茶厂多采用烘干机烘干，一般分毛火和足火两次，中间摊放一段时间，两次烘干。毛火要求高温、薄摊、快干，足火要求低温、厚摊、慢烘。使用专用烘干机毛火烘干，进风口温度应控制在110~120 ℃，不超过120 ℃。温度过低，会造成发酵过度。温度过高，会造成外干内湿、条索不紧、叶底不展等缺点。摊叶厚度1~2 cm，烘干时间10~15分钟。茶叶的干燥程度达七八成干，含水量为20%~25%，叶条基本干硬，嫩梗稍软，手握既感刺手又感稍软。毛火与足火之间摊晾40分钟，不超过1小时，摊晾叶厚度5~10 cm。足火烘干，进风口温度控制在85~95 ℃，不超过100 ℃。摊叶厚度3~4 cm，烘干时间15~20分钟。茶叶含水量达到4%~6%，折梗即断，手捻茶条成粉末，茶香明显，条索紧结油润。

经过以上工序后，制好的红茶，再经过筛分、剔除鱼叶等夹杂物、拼配和包装，就可上市销售。

第三节　桂花信阳红茶机械加工工艺

桂花信阳红茶是在信阳红茶加工工艺的基础上，充分利用信阳丰富的桂花资源，传承老区红色基因而创新研究的产品。外形紧细显嫩毫，色泽乌润，汤色橙黄而明亮，茶香馥郁持久，甜爽适口，叶底红鲜有光泽。桂花信阳红茶醇厚浓郁，是花香茶味相辅相成的桂花红茶，具有清香提神功效，可舒缓喉咙不适、解除口干舌燥，改善多痰、咳嗽的症状；润肠通便、减轻胀气肠胃不适；美白皮肤，清除体内毒素；香味清新，令人心情舒畅，具有安心宁神等功效。另外，桂花信阳红茶可驱除体内湿气，养阴润肺，净化身心，平衡神经系统；还能芳香辟秽、除臭解毒，可用于口臭、风火牙痛、胃热牙痛及龋齿牙痛等。

一、原料选择

选用信阳红茶工艺加工的条形红茶，作为红茶原料；选用本地金桂老树的优质桂花，作为桂花原料。桂花采摘后必须马上窨制，采摘时间最好选择在空气湿度较大的上午10时左右，待露水干后即可采摘。

二、加工工艺过程

1. 红茶原料复火　选择条索紧结、气味芳香、幼嫩的红茶原料，用烘箱控制温度为70 ℃，烘至含水量为6%左右，待茶坯自然冷却至25~30 ℃时，获得复火红茶茶坯。

2. 鲜花采摘及处理　采摘含苞待放、无病虫害的成熟桂花花蕾，如采摘呈虎爪形初放的花朵。采摘后的桂花堆放在阴凉通风处，尽量避免挤压损伤或发热变质。窨制前将桂花进行筛分处理，并将花蒂、花梗、病虫花蕾等夹杂物剔除。

3. 堆窨 复火红茶茶坯和无杂桂花拌和堆窨，配花量为25%，先堆放复火红茶茶坯，高度约10 cm左右，再均匀撒放已处理好的新鲜桂花，如此重复至堆高为50~60 cm，堆窨时间掌握在10小时左右，获得堆窨桂花红茶。

4. 通花散热 对堆窨桂花红茶通花散热，堆温达到38 ℃时桂花吐香最佳，2~3小时后，堆温超过40 ℃时要及时通花，通花时厚度控制在5~8 cm，获得通热桂花红茶。

5. 复火 对通热桂花红茶复火，复烘温度为80 ℃，烘至茶坯含水量为5%，茶梗手抓即断为佳，获得复火桂花红茶。

6. 提花 对复火桂花红茶提花增香，复烘干燥5小时之后即进行提花，上述窨制后的花茶用桂花提花，配花量为10%。

三、成品包装

成品茶经充分拌匀，抽样测定含水量并进行质量审评，符合质量标准就可用包装盒进行包装，获得成品。

第四节 豫南茯砖茶机械化加工工艺

豫南茯砖茶是黑茶的一种，属紧压茶，是以黑毛茶为原料，经过毛茶筛分、半成品拼配、汽蒸渥堆、压制成型、发花干燥和成品包装等工艺制成。砖面色泽黑褐，内质香气纯正，滋味醇厚，汤色红黄明亮，叶底黑褐尚匀。砖内金黄色霉菌（俗称“金花”）颗粒大，干嗅有黄花清香。黑毛茶是指经过杀青、揉捻、渥堆、干燥等工艺，制成的色泽黑褐油润、汤色橙黄、滋味醇和、带有松烟香的黑茶原料茶，是制作各种茯砖茶的原料。

一、鲜叶要求

制作黑毛茶的鲜叶原料要求一定的成熟度，采摘标准为一级茶以一芽三、四叶为主，二级茶以一芽四、五叶为主，三级茶以一芽五、六叶为主，四级茶以对夹叶为主。鲜叶中切忌有红梗、隔年老叶。一般根据采摘次数来确定采摘季节或月份。部分地区结合绿茶、红茶生产进行分批采摘。

二、初制工艺技术

黑毛茶制作工艺包括鲜叶摊放、杀青、初揉、渥堆、复揉、干燥。鲜叶采摘后进行摊放，厚度为5~10 cm，特级、一级原料摊放时间为4~6小时，二、三级摊放时间为2~4小时，四级茶不经摊放可直接杀青。

1. 杀青　黑茶原料的鲜叶原料粗老，含水量低，叶质较硬，杀青时不容易杀透杀匀，杀青前都要进行洒水处理，称洒水灌浆。洒水量一般为鲜叶质量的10%左右。一般而言，嫩叶少洒，老叶多洒；春茶少洒，夏、秋茶多洒；雨水叶、露水叶和较嫩的原料，可以不洒水。

杀青方法分为手工杀青和机械杀青两种。目前手工杀青已很少采用。机械杀青采用大型滚筒杀青机，锅温280~320 ℃投叶，依鲜叶的老嫩、水分含量的多少来调节排气孔大小，进行闷炒，炒至茶叶嫩叶缠绕，叶片柔软带黏性，茶梗折而不断，叶色由青绿变为暗绿，且均匀不花杂，“青气”基本消失，即为杀青适度。

2. 初揉　杀青叶出锅后，应趁热揉捻。采用大中型揉捻机。揉捻方法类似红、绿茶揉捻，以轻压、短时、慢揉为原则，按“轻—重—轻”的顺序加压。揉捻时间12分钟左右。揉捻程度以较嫩叶卷成条状，粗老叶大部分褶皱，小部分呈泥鳅条状，要求含扁片叶、碎片茶、丝瓜茶和脱皮梗茶少，细胞破坏率以15%~30%为宜。

3. 渥堆　渥堆是形成黑茶品质的关键工序。渥堆场所室温在25 ℃以上，相对湿度在85%左右。一、二级叶初揉后解散团块，堆在篾垫上，厚度控制在15~25 cm，盖湿布。渥堆过程中根据堆温变化情况翻动1~2次。三、四级叶初揉后不需解块，立即堆积成高100 cm、宽70 cm的长方形堆，加覆盖物，一般不翻动，渥堆茶坯含水量60%~65%为宜。初揉叶含水量低于60%，可浇少量清水或温水。渥堆过程中堆温以30~40 ℃，不超过45 ℃为宜；堆温超过45 ℃，要翻动一次，以免烧坏茶坯。在渥堆过程中，为保温保湿，还要注意将茶堆适当筑紧；但不能紧压过度，以防堆内缺氧，影响茶坯发酵。渥堆的时间在正常情况下，春季一般为12~18小时，夏、秋季为8~12小时。渥堆以茶堆表面出现由热气凝结的水珠，叶色由暗绿变为黄褐，“青气”消除，散发出酒糟气味，附在叶表面的茶汁被叶肉吸收，黏性减少，结块茶团一打即散为适度。

4. 复揉　将渥堆适度的茶坯解块后复揉，一般较初揉加压更轻，时间短，以一、二级茶揉至条索紧卷，三级茶揉至泥鳅状茶条增多，四级茶揉至叶片褶皱为适度。

5. 干燥　目前多使用链板式茶叶烘干机、热烘干燥机、滚筒式瓶式炒干机进行干燥。干燥时先毛火，温度130 ℃左右烘20~30分钟，再足火，温度75 ℃烘至梗折可断、干燥刺手、含水量达15%即可，时间40~60分钟。如果在夏季温度高、阳光充足的情况下，可以采用阳光晒干，这样既可以节省资源，又避免了茶叶在加工过程中吸附加工器械等的油烟味。

三、茯砖茶机械压制技术

随着人们生活水平的提高和内销的扩大，对滋味口感的需求逐渐多样化，20世纪90年代后，对茯砖茶砖的规格大小及口感层次多样性的要求提高，大部分茶厂已经开始尝试压制不同尺寸大小的茯砖茶，逐步实现了产品的多样化，满足了不同消费者的需求。现代茯砖茶生产采用流水线作业，依据原料等级，划分为超级、特制和普通茯砖三个等级。现代茯砖茶工艺流程包括筛分、拼配、汽蒸渥堆、压制成形、发花干燥等一系列复杂过程（图2-15）。

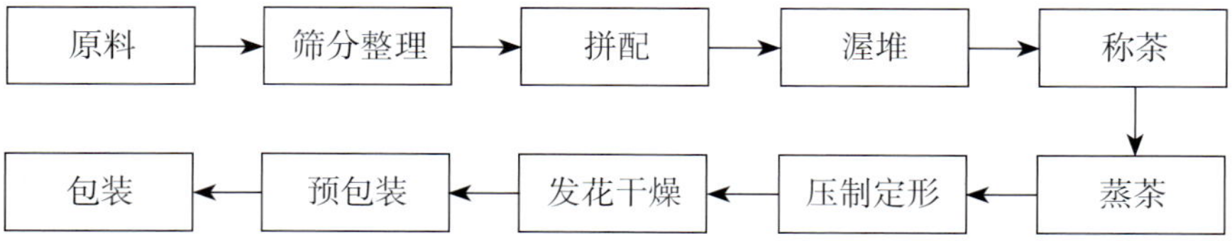

图2-15　茯砖茶加工简明工艺流程图

1. 原料拼配　超级茯砖茶采用一、二级黑茶原料。特制茯砖全部采用黑茶原料茶三级，但配料时必须考虑春夏茶和地区品质差异的特点。普通茯砖一般以原料茶四级为主，其余为原料茶三级，为了提高质量一般不拼配其他茶类。

2. 拼堆筛分　筛制前，按照拼配比例准备原料，均匀投料。采用切碎多抖、循环切抖、分身取料、4孔成茶的筛制方法。原料茶先经滚圆筛筛分，筛网均为4孔，4孔头子茶经大风机扇除砂石等杂物，经破碎机切细切断上双层抖筛（4孔紧门），过筛后即成待拼清茶。滚圆筛机4孔底的茶上平圆筛机，4、8、16孔底分别上风选机，扇除砂石等夹杂物质，即成待拼清茶。24孔底的茶则上平圆筛机，隔除茶灰后为待拼清茶。

3. 汽蒸渥堆　半成品过磅后进入蒸汽机加热。98~102 ℃汽蒸5分钟左右。汽蒸后渥堆，堆高2~3 m，一般的原料堆积时间为3~4小时，嫩度较高的为2小时，到青气消失，色泽由黄绿变为黄褐。堆温过高，应及时开堆散热，逐层挖散茶坯，抖散团块。堆积的半成品叶温一般高达75~88 ℃。将堆积的茶坯逐层挖散，并把堆积的高度放低，一般不超过1.5 m，经过散热后，茶坯温度下降至45~58 ℃（图2-16）。

图2–16　汽蒸渥堆箱

4. 压制定形　压制前必须称取有代表的茶样测定水分，以正确决定付料量。将经过散热通气的半成品，均匀通过输送带进入司称机（图2–17）。

加茶汁（茶梗、茶果加水熬制）至半制品含水量为22%~28%，促进发花。春、夏季稍低，上限为25%；秋、冬季稍高，上限为28%。茶汁与半制品充分均匀混合，避免含水量不一。

汽蒸使茶条柔软且富有黏性，便于紧压定形。汽蒸后的茶坯，由输送带送入匣内。压紧茶匣，输送到凉置架上冷却定形，时间为80分钟左右，砖温由80 ℃左右下降到50 ℃左右，完成冷却定形，退出茶砖。砖片退出后，进入验收程序。目前，安化茯砖茶

图2-17　压制

的生产多采用自动化生产线，大大降低了成品砖的不合格率，砖身规整度大大提高。

验砖按照品质规定检查验收，如果出现过厚过薄，轻重不合格，四角不分明，龟裂或起层脱面等现象，均须退料复制。合格品用牛皮纸进行包装，要求包装纸紧贴砖面，封口严实，边框与砖身不歪斜。包好的砖片，放置稳当，码放整齐，待运进烘。

5. 发花干燥　发花是茯砖茶加工中的关键工艺，通过精准调控温湿度，促使砖体内生长“金花”。根据技术要求，砖坯进入烘房后，分为两个阶段，即进烘后的12天为发花期，之后5~7天为干燥期。发花阶段的温度应保持在28 ℃左右，相对湿度保持在75%~85%，以利于冠突散囊菌的生长。烘房的温湿度必须随时严格检查，通常每隔8小时检查一次，适时增减火温和开关调节排湿窗（表2-1）。砖坯进烘的头几天，烘房内空气的相对湿度往往超过85%，甚至达90%以上，应勤排湿，开放门窗，促使空气对流，以防止霉变现象的发生。从发花到干燥历时20~22天。为确保茯砖发花质量，部分茶厂已采用自动控温、控湿系统在线监控烘房温湿度，进行调控发花。当茶砖达到干燥标准，经检验合格时，即可停止干燥，准备出烘（图2-18）。

表2-1　茯砖茶发花干燥阶段的温度控制

阶段	发花				干燥阶段						
时间 / 天	1~9	10	11	12	1	2	3	4	5	6	7
温度 / ℃	28	29	30	30	31~32	33~34	35~36	37~39	39~42	42~45	42~45

图2-18　发花干燥

6. 成品包装 为保证产品不受潮变质，保持茯砖色香味的品质特点，出烘后立即包装。包装好后，运往仓库堆码，置放整齐，在洁净、阴凉、干燥的仓库内贮藏保管（图2-19）。

图2-19 成品包装

第五节 抹茶加工工艺

抹茶是采用覆盖栽培的茶树鲜叶经蒸汽（或热风）杀青后、干燥制成的叶片（称碾茶）作为原料，经研磨工艺加工而成的微粉状茶产品。抹茶色泽鲜绿明亮，颗粒细腻均匀，香气覆盖香（海苔香）明显，汤色浓绿，滋味鲜醇味浓。

一、茶树前期栽培管理

覆盖是抹茶生产中必不可少的环节，它能使茶叶颜色更加鲜绿，具有鲜香或海苔香，茶味由苦涩变为甘甜，使茶叶更加适合直接食用，感官上更易被消费者接受。抹茶茶园的覆盖技术在日本已较为成熟，但由于覆盖效果因环境条件、生产季节、茶树品种等多种因素而产生差异，因此，茶园的覆盖应根据本地的生产实际情况进行（图2-20）。

图2–20　茶园覆盖

经过遮光的茶叶中会增加茶氨酸含量，这种物质在冬天主要由存在于根茎中的氮元素合成。在新芽开始长出之后，茶氨酸会通过根茎慢慢渗透到其他枝叶中，茶氨酸会吸收一定量的儿茶素。吸收量和遮光率成正比，通过覆盖遮光的方法，茶叶中茶氨酸成分会增多，并且会增加一种叫二甲硫的成分，这种成分使得碾茶香（一种类似于海苔的香味）更浓郁。而且，通过遮光新芽，含水分的组织结构会变柔软，对碾茶来说最重要的叶绿素会增多，这是利用了植物即使在少量光的情况下也能利用阳光维持生命的一种自卫作用。碾茶的品质主要取决于较强的遮光率和低气温，但是从产量而言，则要求低遮光率、高气温。

1. 覆盖方式 在日本抹茶茶园中覆盖的方式有3种，分别是直接覆盖、槽式覆盖、棚式覆盖。目前在我国的生产和研究中，以直接覆盖和棚式覆盖为主。直接覆盖，即将覆盖材料直接覆盖在茶蓬面。棚式覆盖，即使用水泥柱、钢管、竹子作为支撑材料搭建茶园棚架，高度一般距地面1.5~1.8 m，再将覆盖材料铺在棚面上。直接覆盖操作更简便，节省搭建架子的成本，但棚式覆盖能减少风对叶片的损伤，以及避免高温强光下遮阳网吸热后对叶片的烫伤。棚式覆盖的抹茶，外形色泽、内质汤色等感官品质均优于直接覆盖处理的茶叶；内含物质方面，游离氨基酸、叶绿素含量均高于直接覆盖处理的茶叶，茶多酚含量、咖啡因含量、酚氨比均低于直接覆盖处理的茶叶。

2. 覆盖材料 抹茶生产茶园中使用的遮阳材料主要有塑料遮阳网、稻草、秸秆等。使用稻草、秸秆等材料覆盖后的茶叶品质优于遮阳网覆盖的茶叶品质，但近年来此类材料逐渐难以获取，且对操作者的熟练程度要求较高。而塑料遮阳网具有不同的颜色及遮光度，操作简便、成本较低，在生产中使用最为广泛。

3. 覆盖时间 抹茶茶园的生产一般在春季进行。若采用棚式覆盖，需要在一芽一叶时进行70%遮光度的覆盖，随着叶片生长将遮光度逐渐提高至95%~98%，覆盖20~40天为宜。若采用直接覆盖，则使用85%~90%遮光度的覆盖材料，当茶芽为一芽二、三叶时进行7~14天的覆盖，具体时长要依当时日照状况、气温及生产需求进行调整。

二、抹茶加工工艺

抹茶是在碾茶加工的基础上加上研磨工序制作而成。其加工工艺流程为：鲜叶贮存→鲜叶处理→蒸汽杀青→散茶冷却→初步干燥→叶梗分离→最终干燥→研磨。

1. 鲜叶贮存 采摘后的鲜叶如果不能及时进入加工工序，一般要进入鲜叶存储设备保鲜。鲜叶存贮设备分自动式和移动式两种，它主要防止茶鲜叶堆放过程中的发热红变，避免茶叶与地面接触，避免人为污染，确保鲜叶清洁卫生。

2. 鲜叶处理 为了保证鲜叶质地一致，首先要采用切割机对鲜叶原料进行切割。同时，为避免单片叶挂在蒸青机的网上产生焦香而影响茶叶品质，需采用鲜叶筛分机专门去除单片的茶叶。

3. 蒸汽杀青 鲜叶最好在采摘当天进行蒸汽杀青。为了保证蒸汽杀青的质量，鲜叶流量机和鲜叶输送机是必不可少的设备，它们可确保定时定量将鲜叶送入蒸汽杀青机（图2–21）。

图2–21　蒸汽杀青

4. 散茶冷却 经过蒸汽杀青后的叶片迅速用冷风吹起4~5次，吹至6 m高左右，用以散开、冷却，除去表面水分。同时，叶片被多次抛起可以确保杀青后充分展开，避免折叠变黑。为了确保散茶效果，经过输送网片的茶叶一般不超过150 g/m^2。

5. 初步干燥 目前多采用砖块砌成的烘房完成初步干燥。烘房长13 m、宽2 m、高3 m左右，内设干燥设备和排气管，茶叶经过干燥设备中的网状不锈钢传送带，经20分钟左右的干燥，其含水量由20%左右均匀降低到5%~8%。

6. 叶梗分离 由于茶梗和叶脉水分含量高、叶绿素含量低且带有涩味，因此，经过初干工序的茶叶需进行叶梗分离。叶梗分离机的螺旋刀在旋转时将叶片从叶梗上剥离，再经过输送带进入高精度风选机完成叶梗分离。

7. 最终干燥 叶梗分离之后，叶片和叶梗需要进入不同的干燥机进行干燥。一般来说，叶片用60 ℃的热风干燥10分钟左右，即可制成粗制碾茶。粗制碾茶再次经过风选机除掉黄片，然后经过切断机切成0.3~0.5 cm长的碎片，即制成碾茶。

8. 研磨 传统抹茶是用天然石磨在低温条件下磨成的细微粉末。石磨不易导热，能最大限度地确保研磨温度恒定。很多企业为了提高生产效率，而采用球磨机研磨，与石磨相比，球磨机的高速运转和高温环境会使抹茶的品质受损（图2–22）。以石质茶磨

图2–22 球磨机

为例，用60 r/min的回旋速度，每台茶磨每小时可生产约40 g抹茶。茶磨研磨出的抹茶颗粒直径为2~20 μm（680~6 800目），此种颗粒度级别可以有效地破坏细胞壁，释放叶绿素，使茶粉更加鲜绿；颗粒形状是不规则的撕裂状薄片，可使抹茶在水中悬浮，冲泡摇匀后茶汤呈鲜绿色，经过久置也不容易沉淀。普通绿茶粉是粗糙的球状颗粒，在茶汤中极容易沉淀。研磨设备的高速运转会导致温度上升，进而破坏抹茶的活性。一般研磨车间都配有专门的空调设备和除湿设备，确保生产车间保持恒定的低温干燥环境。

第六节　桐柏玉叶机械加工技术

桐柏玉叶茶是河南省地方名茶之一，外形扁平光滑，芽毫隐藏，色泽翠绿油润，汤色杏绿清澈，滋味鲜爽醇厚，香高持久，叶底嫩绿明亮。

桐柏玉叶茶机械炒制工艺流程为：鲜叶摊放→杀青→摊凉→整形理条→回潮→整形理条→提香足干。

1. 摊放　将鲜叶摊放4~6小时，摊放场所要求清洁、卫生、空气通畅、不受阳光直射。厚度2~3 cm。摊放程度以叶面开始萎缩，叶质变软，叶色转暗，“青气”消失，茶香溢出，摊放叶失水率为10%~15%时为宜。

2. 杀青　宜采用微波杀青机，杀青叶含水量控制在57%~65%。杀青适度的标志是叶色暗绿，手捏柔软，略有弹性，茶香显露。

3. 摊凉　青叶出锅及时摊凉，尽快降温和散失水气。摊凉后适当并堆，必要时盖棉布回潮。摊凉时间以30分钟左右为宜。

4. 整形理条　宜在全自动扁形茶炒制机内进行（图2–23）。锅温90~120 ℃，先高后低，开始稍高，而后稍低。锅体往复速度120~125次/min。投叶量每槽150 g左右，过多过少对品质都有不良影响。

杀青摊凉叶下锅后，经1~2分钟，当制叶条索呈扁平形，抓在手中不黏时，应迅速降低温度，同时调低锅槽往复速度，并在每槽锅内投放轻压棒压炒6~8分钟，其间透炒2~3次，每次10~15秒，当茶叶呈扁平、茶身重实不枯，茶叶含水率为40%~45%时出锅。

5. 回潮　将理条叶集中摊凉，一般摊叶厚度2 cm左右，时间40~60分钟，使茶条芽叶茎内外水分重新分布均匀。回潮时间不宜过长，以免非酶性氧化影响品质。

6. 整形理条　宜在全自动扁形茶炒制机内进行（图2–24）。温度60~80 ℃，先高后低，锅体往复速度100~120次/min。投叶量每槽150 g左右。

图2-23　全自动扁形茶炒制机

图2-24　全自动扁形茶炒制机组

回潮叶下锅抛炒1~2分钟，待叶温上升、茶条发软时，加轻压棒，同时降低锅温至70 ℃，调低锅体往复速度至100次/min，如果升温后叶片表面水分较多，则要多抛炒，或在加压后1分钟后又抛炒1分钟；待茶叶略有触手感时，加重压棒，压炒8~11分钟。当锅槽内有少许黄片碎末出现时去重压棒，加轻压棒压炒，同时降低锅温至60 ℃，茶叶含水率为10%~15%时停锅下叶。

7. 提香足干　机械设备宜用连续烘干机或者提香机，温度控制在90~100 ℃，烘至茶叶含水量6%以下。

第七节　信阳白茶加工技术

信阳白茶是以近年来引进的部分无性系良种（福鼎大白、福鼎大毫、白毫早等）、信阳群体种茶树品种鲜叶为原料，经萎凋、干燥等工艺加工而成。其品质特征为汤色黄亮，滋味醇甜，香气透花香。信阳白茶着力于工艺创新，既有“一年茶，三年药，七年宝”的白茶共性，更有“新工艺，老茶味”的产品特征。

信阳白茶加工工艺流程为：鲜叶萎凋→干燥→成品茶，具体工艺参数如下。

1. 萎凋　萎凋根据室内外萎凋条件及处理可分为以下四种不同方式。

（1）自然萎凋：将鲜叶均匀薄摊于萎凋槽或摊青盘上，芽头原料互不重叠，其他原料视加工条件及鲜叶量而定，尽量薄摊。萎凋温度为20~28 ℃，相对湿度为60%~75%。芽头原料摊放过程中不翻动，达到五成干时并筛一次，其他原料酌情翻动，动作要轻，萎凋总时间均控制在36~48小时（图2–25）。

（2）加温萎凋：若室内条件达不到制作要求，则应当采用加温降湿萎凋。将鲜叶均匀置于萎凋槽上，通过管道热风加温或者萎凋槽加温，并利用除湿机降低湿度，以室内温度控制在25~35 ℃、相对湿度低于75%为宜。如遇连续阴雨高湿天气，应延长加温萎凋时间，缩短自然萎凋时间，萎凋总时间控制在16~24小时（图2–26）。

（3）复式萎凋：自然萎凋与日光萎凋（图2–27）相结合的方式。将鲜叶均匀薄摊于萎凋网（布）或摊青盘上，鲜叶薄摊互不重叠，置于弱光下进行日光萎凋。当光照强度过大，则将茶叶置于室内或遮阳网下进行自然萎凋。日光萎凋与自然萎凋交替进行，一般复式萎凋总时间控制在24~36小时。

（4）复合萎凋：鲜叶采用自然萎凋、加温萎凋或复式萎凋等方式萎凋至七成干时，再采用摇青技术手段进行增香。芽头及一芽一叶初展原料，茶叶置于纱网中手工反

图2-25　自然萎凋

复摇动40次；一芽一叶及一芽二叶原料，摇青机最低速摇青10分钟；一芽三叶及以上原料，摇青机中速摇青15分钟。萎凋叶含水量为25%~30%，芽头白毫初现，叶色灰绿或深绿，叶缘自然干缩或垂卷，为萎凋适度。

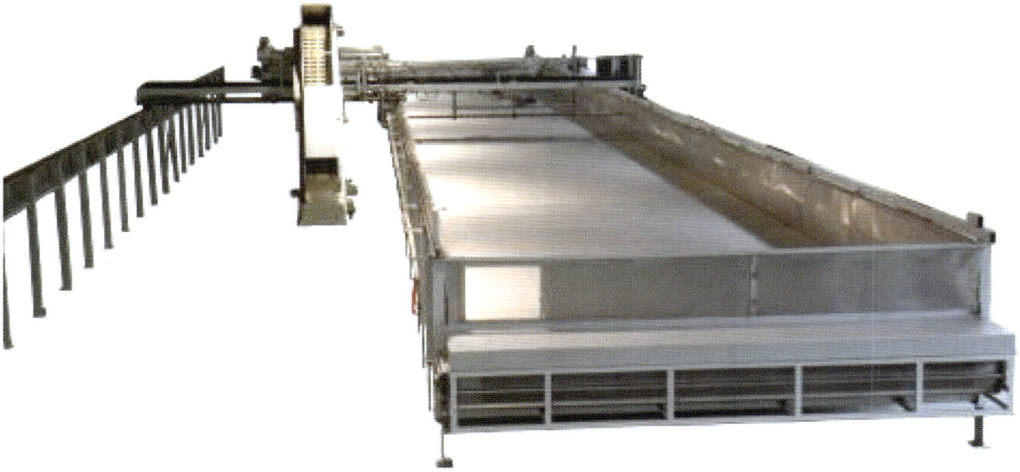

图3–4　自动摊青机

第三节　萎凋机械

一、萎凋槽

1. 萎凋槽的基本结构　萎凋槽萎凋是传统的萎凋方式。萎凋槽萎凋系统结构简单、造价低、操作方便，但热能效率较低。萎凋槽萎凋系统包括槽体、萎凋帘架、热源、通风机、排湿装置等。

槽体一般用砖砌成，或用木板或铁板制成，其宽为1.5 m，长为10 m。槽体前部为连接通风机的喇叭形风管，进风口长度为1.5~1.8 m，连接着倾斜的槽底，两侧垂直成槽壁，形成槽体。槽面上用圆钢横搁在槽体两边壁上，并用竹片穿入圆钢，制成纵向搁条，其上部可放置5块宽1.5 m、长2 m的萎凋帘；或制成宽1.5 m的卷帘，在槽体末端装一卷轴，以方便将卷帘卷起下叶。为了保证整个槽面能受热均匀，槽底须有一定的倾斜度，通常在进风口60 cm内做成18° 的斜坡，之后的部分做成3° ~4° 的斜坡（图3–5）。

萎凋帘架是由萎凋帘、电动机、涡轮蜗杆减速箱、传动机构和匀叶轮组成的，起到通风、盛叶、上叶、出叶的作用。萎凋帘一般用金属丝网或尼龙丝网织成，简易的萎凋帘可用竹片做成。

萎凋时，鲜叶内水分的蒸发需要热空气，热源主要有利用烘干机的废气余热、原煤热风发生炉、蒸汽散热器、电热管加热四种形式。

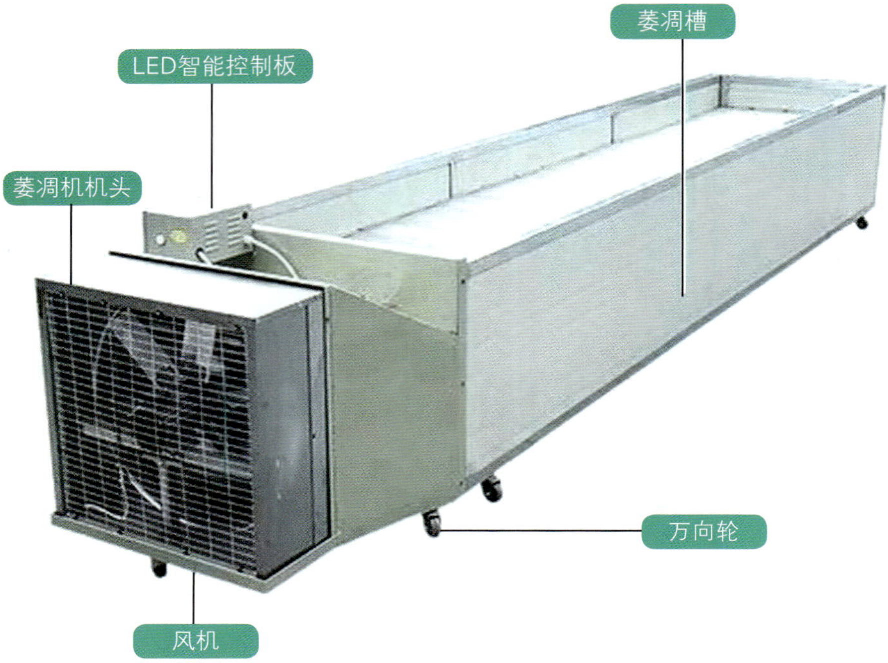

图3–5　萎凋槽

排湿装置有自然对流排湿和机械排湿两种。自然对流排湿是在萎凋车间设置气楼或天窗进行自然对流排湿，机械排湿是利用设在萎凋车间天窗处的若干台排风机进行间歇式强制排湿。

2. 槽式萎凋处理中的常见问题　萎凋槽萎凋常会出现一些问题，主要有鲜叶萎凋程度沿槽长度、宽度、厚度方向上的不均匀，以及芽叶多部位间的不均匀现象。出现这些问题有设计上和制造上的问题，也有操作上的原因。

（1）沿槽体长度方向上的不均匀：槽底坡度设计或建造不当、风管长度不够、槽面摊叶不均匀而有漏洞（造成气流“短路”），都容易造成沿槽体长度方向上的不均匀。萎凋槽前、后两段的风力总是不均匀的。前端不均匀是风管设计造成的，这一问题可以通过在风管内加导流板加以改善；而后端不均匀是因为此处存在动压向静压转换突变，这个问题很难从设计上给予解决。

（2）沿槽宽度方向上的不均匀：如果鼓风机安装不准，风机轴心线与槽体长度方向轴线不平行，容易造成沿槽宽度方向上的不均匀。这种情况下，可能出现槽右侧失水过快，而在另一段上则是槽左侧失水过快，即呈“S”状。

同时，摊叶不均匀，摊叶的金属网格局部凹陷，或槽内侧墙壁倾斜阻挡，也会造成宽度方向上的不均匀。

此外，如果鼓风机和萎凋槽之间热风管太短，冷空气混合不匀，也会出现局部失水较快的现象。

（3）厚度方向上的不均匀：萎凋槽厚度方向上的不均匀难以克服，这是气流自下而上地运动，下层叶子失水快而变软，但在上层叶子的重力作用下渐渐地被压紧成饼状，严重时会堵塞冲孔板及叶间的“气路”，导致厚度方向上的萎凋不均匀。有时“气路”并未被堵塞，但萎凋时通热风，也让下部叶层先达到萎凋工艺要求。随着气流的上升，风温逐渐下降，相对湿度渐渐增大，脱水能力逐渐减弱，使表层鲜叶失水慢而后达到萎凋工艺要求。

由于厚度方向上的不均匀，萎凋时通常需要翻叶，以达到相对均匀的目的。

（4）槽内无规则局部不均匀：槽内无规则局部不均匀甚至劣变，多是由操作不当造成的。若鲜叶进槽时没充分抖散，就可能形成不同程度的茶块。此外，如果部分叶子已经受损，那这种原料就很难做到均匀一致。

至于单个芽叶不同部位间的差异，主要是由采摘时局部受损或芽叶特性所导致，也可能是风量太大或湿度差太大所造成的。各个芽叶间的不均匀则是由原料混杂所造成的。

3. 萎凋槽的使用与保养

（1）萎凋槽的使用：萎凋作业开始前，先将萎凋槽底的残留茶叶清理干净，再将萎凋帘摊放在搁条上。将鲜叶按一定的厚度均匀地摊于萎凋帘上。不可使叶层中留有空间，摊放厚度18~20 cm。开启热源，当达到要求温度时，开通风机，若有飘叶现象，可用手铺平。根据萎凋工艺要求，随时检查热风管和萎凋槽上的温度表，温度过高或过低时，可通过百叶式冷风门的开度来调节，若仍不达要求时，可降低或升高热源温度。根据萎凋工艺所规定的时间，翻拌萎凋叶，使萎凋均匀。萎凋槽作业完成后，及时做好清理和清洁工作。

（2）萎凋槽的保养：时常检查电动机和鼓风机的轴承温升，若有过热现象，须停止使用，待故障排除后方可继续工作。检查热空气发生炉的炉管和炉膛各部分有否烧裂，若发现，须立即修补或调换。茶季结束后，对电动机、热空气发生炉、通风机进行全面检查。调换或修补烧裂的炉管、炉条和炉膛。拆洗电动机和鼓风机的轴承，若遇到有深沟球或座圈损坏者必须更换，并添加润滑油。萎凋槽和萎凋帘若有损坏应修补。萎凋帘要卷好保管，以便下个茶季使用。

二、多层连续化热风萎凋机

该设备适用于各类茶叶加工厂，结构上类似于自动链板式茶叶烘干机，机械化、热效率、自动化程度和生产效率都比较高。

该机由上叶输送带、萎凋箱、传动机构、风机、加热装置及电器控制箱等部分构成。

萎凋箱通常设3~5层，内装有3~5套百叶板（或尼龙网）、传动链和空气导流系统。百叶板（或尼龙网）用于摊放茶叶，其两端与链条连接，并随链条一起移动；导流系统将热空气引入箱内，用一台风量为60 000 m^3/h的大型离心式通风机产生强大压力，把热空气导向第1层（最下层），穿过叶层，呈“S”形导向第2层，直到第3~5层，最后把废空气排出机外。鲜叶从第3~5层连续翻落2~4次，使萎凋达到均匀。

三、快速热风萎凋设备

快速热风萎凋设备结构，其筒径为920 mm，长2 m，内设直径为260 mm的通风管，热风温度可达65~85 ℃，风机风量6 000 m^3/h，生产率400~500 kg/h。该设备使鲜叶与热风动态接触，具有传热散热好、湿热交换强度大、生产效率高等特点，适用于青茶雨水青、露水青的物理萎凋。

作业时，滚筒以16 r/min的速度转动，鲜叶在导叶板作用下不断被翻转、推进，通风管径向吹出热风，在热风作用下，鲜叶散失水分，消除表面水，经4~8分钟物理萎凋，鲜叶失水率达6%，失水速率为1.5 %/min。该萎凋设备与滚筒做青机配合，可大大缩短萎凋周期。

四、日光萎凋设施

日光萎凋设施由围墙、晒青场、棚架、遮阳系统、通风与排湿装置、晒青布等构成（图3–6）。

1. 围墙　晒青场四周可用砖砌高为0.5~1.0 m的通风式围墙，起安全防护、防雨作用，且有良好的通风效果。

2. 晒青场　日光萎凋的场所是晒青场，通常是水泥砂浆地面，有排水沟，以便清扫和冲洗。晒青场可建在厂房的顶楼，用提升机输送茶青，可以充分利用阳光。

3. 棚架　棚架为拱形结构，由热镀锌钢管或钢架、透明阳光板（中空板）构成，可透光遮雨，高度为3~5 m，通风性能要求良好，以便及时散发鲜叶蒸发出的水蒸气。热镀锌钢管或钢架上可架设通风装置，可使用8~10年。阳光板重量轻，具有透光率高

图3-6　日光萎凋设施

（85%~90%），抗弯性、抗冲击性强等特点，光线透过阳光板散射在晒青场上，模拟自然的日光萎凋。阳光板有平板和波形板两种类型，其中波形阳光板散射光透过率高，宜首选。

4. 遮阳系统　该系统一般在中午前后日光萎凋时采用，起遮挡强光辐射、避免鲜叶损伤的作用。遮阳系统由遮阳网和拉幕机构组成。遮阳网为聚乙烯带织成的网状覆盖材料，根据其网眼的疏密程度，遮光率在35%~90%，通常选择遮光率为70%左右的遮阳网。拉幕机构用电机通过减速器，让固定在传动轴上的链轮转动，带动链条及钢丝绳往复运动，以此控制遮阳网的开闭。

5. 晒青布　一般采用轻质、耐磨的尼龙布，用于摊放茶青，其尺寸一般为4 m×4 m，具有保洁隔热、方便翻拌的作用。

第四节　杀青机械

完成杀青作业的机械，称为杀青机械。杀青机械可分为滚筒杀青机、锅式杀青机、蒸汽杀青机、热风蒸汽杀青机及微波杀青机等类型，其中滚筒杀青机是我国目前主要的杀青设备。

权启爱等曾在不同茶区、不同场合，分别应用上述滚筒式、蒸汽式、热风式和微波式杀青机进行了机械和杀青性能对比试验，结果见表3-2、表3-3。尽管所有机器不是在同一条件进行试验，但其结果可反映出各类杀青机性能的大致趋势，可供参考。

表3-2　各类茶叶杀青机机械性能比较

种类	滚筒杀青机	蒸汽杀青机	热风杀青机	微波杀青机
原理	滚筒炒干	高温蒸汽穿透	高温热风穿透	微波内外加热
机械结构	简单	复杂	复杂	复杂
	煤、石油、天然气、柴油，小型多用电	目前仅用煤，但可开发使用其他能源	目前仅用煤，但可开发使用其他能源	电
电装机容量	用电总量较小，除小型用电作热源机型外，均为5 kW以下	目前用电总量较小，12 kW以下	目前用电总量较小，10 kW以下	用电总量较大，小型机12 kW以下。中型机10~18 kW
操作难易	易操作	较难操作	难操作	较难操作
机器大小	较小	较大	大	较大
热源装置特点	金属炉灶或现场构筑炉灶	需配蒸汽、热风两用发生炉，或分别用一台蒸汽发生炉和一台热风发生炉	需配用高温热风发生炉	热源为微波管热源装置
热源操作难度	操作容易	操作复杂	操作复杂，需特别认真	操作方便
杀青时间/s	60~90	30~50	15~20	30~50
台时生产率	较大	较大	大	较小
购置价格	较大型金属炉机型不超过2.5万元	较大机型10余万元	约25万元	较大机型10余万元

表3-3　各类茶叶杀青机杀青性能比较

种类	滚筒杀青机	蒸汽杀青机	热风杀青机	微波杀青机
杀青效率	较高	较高	高	较低
杀青叶是否干边	少	无	较多	少
成茶碎茶含量	少	少	较多	少

续表

种类	滚筒杀青机	蒸汽杀青机	热风杀青机	微波杀青机
杀青叶含水率	中	高	低	中
杀青叶冷却和脱水要求	要求一般冷却	冷却要求苛刻	冷却要求苛刻	要求一般冷却
进入揉捻的难易程度	容易	较困难	容易	容易
杀青叶色泽	绿翠	绿翠	绿翠	绿翠
成茶色泽	绿润	暗绿或深绿	绿润	绿润
叶底色泽	绿翠	绿翠	绿翠	绿翠
成茶香、味	香气较高	香高稍显特殊香型	香气较高	香气与滚筒杀青相比稍低
	滋味醇和	滋味醇和	滋味醇和	滋味醇和

一、滚筒杀青机

滚筒杀青机是一种以炒青为主兼有闷杀作用的高效连续杀青机，适合各类茶厂使用。大直径滚筒杀青机杀中低档鲜叶效果好，而小直径滚筒杀青机更适合名优茶的杀青。此外，根据杀青是否连续，可分为连续式滚筒杀青机和间歇式滚筒杀青机。

间歇式滚筒杀青机结构与连续式滚筒杀青机相似，不同之处在于间歇式滚筒杀青机进叶与出叶都在同一端，通过筒体的正转与反转进茶和出茶，呈半连续化状态。此外筒体较短，透气性能较好，因此又称为短滚筒杀青机。常见的有6CST-100型瓶式炒茶机、6CST-110型滚筒杀青机和6CWS-85/90型燃气式滚筒杀青机。这些设备既可以作为杀青设备，也可以作为炒干设备使用，具有一机多能的特点。6CST-110型滚筒炒青机和6CWS-85/90型燃气式滚筒炒青机常用于乌龙茶的炒青和复炒（以炒代烘）工序（图3-7）。

在河南省大部分地区主要采用连续式滚筒杀青机。连续式滚筒杀青机操作简便，生产效率高，劳动强度低，杀青叶品质也比较稳定。滚筒杀青机的主参数为滚筒内径，计量单位为 cm，特征代号为“T”。杀青机参数标准型号（滚筒内径，单位为 cm）：30、40、50、60、70、80、100。

1. 结构及其作用　滚筒杀青机由输叶装置、筒体、排湿装置、传动机构、加热装置等部分组成。

（1）输叶装置：输叶装置一般为橡胶输送带，设在滚筒进口前方或侧方，由

图3-7 间歇式滚筒杀青机

250 W、1 350 r/min电动机驱动，通过“V”形带轮和无级变速轮及链轮降速。输送带上方有匀叶器，转速为15~36 r/min。匀叶器由四叶带圆槽形的叶板组成，其轴心可上下移动，以调节匀叶器叶板与橡胶输送带的间隙，从而调节投叶量。输送带与地面之间呈45° 安装，输送带上设有铝制齿板，以输送鲜叶。盛叶斗为落地式，内有松叶弹簧，当大量盛叶时，可使鲜叶避免搭桥架空现象。

（2）筒体：以6CST-60型滚筒杀青机为例，该机筒体用厚度为4 mm的薄钢板卷成内径为60 cm的圆筒，长4 m。在制作时，一般筒体分成数段焊接而成，每段间用1 cm的扁钢作抱箍加强刚性。筒体上装有两个挡烟圈，以防烟气外溢。滚筒安放在4个托轮上，靠托轮与筒体上的筒箍的摩擦驱动滚筒旋转。

筒内有高度为7 cm的螺旋板5根。螺旋板角度在圆筒长度方向分为三段。第一段在进口端40 cm长度内，螺旋角度为50°，角度较大，称为推叶导板，使青叶一进入筒体后马上推进到中段的炽热筒体部分。中段3.3 m范围内螺旋角为15°，称为工作导板，青叶通过高温传导及热辐射完成杀青工作。后段30 cm范围内角度为45°，称为出叶导板，茶叶杀青完成后，能迅速推出，降低叶温使之冷却。茶叶在筒体内经历的时间为3~3.5分钟。而30型、40型的名优茶滚筒杀青机一般筒长1.2~1.5 m，杀青时间40~90秒，可使杀青叶保持翠绿，以确保名优绿茶的色泽。

（3）排湿装置：在滚筒出口处加设排湿导圈，使滚筒内形成的湿蒸汽通过排湿风管排出，排湿风管的头端设有排湿风扇，风扇转速715 r/min，功率为250 W，而排风导管直径为400 mm。加强排湿可避免叶色发黄的现象。

（4）传动部分：连续式滚筒杀青机一般使用三级减速，转速可在25~30 r/min范围内调节。第一级为无级变速器变速，第二级为胶带轮减速，第三级为齿轮或链轮减速。两只被动链轮与两只主动托轮同轴，靠主动托轮与筒体上的筒箍的摩擦驱动滚筒旋转。

（5）加热装置：传统的加热方式用煤或木柴加热，随着环保的要求及清洁能源在茶叶加工中的广泛应用，杀青机热源也在发生着巨大的变化。目前，新型的杀青机能源有电源和燃气两大类型。一般使用交流电为能源的，可以在加热段滚筒外壁下方2~3 cm处均匀分布环形电加热管，电加热管间隔为15~20 cm，在距离滚筒1 cm处有一温度传感器，并与旋转滚筒外部的温度自动控制机构连接，方便自动控制杀青机的温度。燃气型滚筒杀青机结构与之类似，只是在滚筒下方将电加热管改为特制的燃气灶，并有进气孔和观察孔，以保证燃气能够正常燃烧和不产生漏气现象。一般小型名优茶滚筒杀青机多采用电热型或燃气型，也有用传统的煤或木柴加热的。大型的滚筒杀青机仍以煤加热的为主，但在一些先进的大型茶叶初加工厂（场）已开始使用燃气加热。

2. 工作原理　燃料在拱形炉灶内燃烧，直接加热于滚筒外壁，由于导热和辐射作用，筒内空气温度达到120 ℃左右。鲜叶由输叶装置送入进口端进入筒体，随着筒体的转动，由于筒内螺旋板的带动，使茶叶在筒内产生翻滚、抛扬和前进三种运动。在筒内热空气及炽热滚筒壁的周期碰触下，叶表面和叶细胞内的水分迅速汽化而使叶质萎软，同时叶温上升达85 ℃以上，鲜叶中的酶迅速钝化或丧失活力，不至于产生红梗红叶，保存了叶子中叶绿素，使叶色绿翠。同时在高温作用下，由于抛扬，鲜叶中的青臭气被驱散，从而形成绿茶特有的香味。由于螺旋板有一定角度，茶叶做前进运动，在筒内经历数十秒到数分钟不等，从而达到绿茶杀青工艺的要求。

连续式滚筒杀青机工效较高，工作时滚筒内会弥漫大量水蒸气，如一台时产量为300~500 kg的大型连续式滚筒杀青机，其平均蒸发水蒸气速率为2~3 kg/min。因此，筒内水蒸气的适时散发对滚筒连续杀青机的杀青质量有着重要的影响。在如此高的温湿度条件下易产生香味郁闷、叶色变黄等现象，因此，必须在滚筒杀青机上配置排湿装置，以保证及时地将饱和、过饱和蒸汽排出筒外。

排湿罩的使用固然可以大大降低筒内湿度，但杀青的耗能量也随之增加，因此对连续式滚筒杀青机筒体结构进行了改进。改进后的筒体仍由三段组成，前段为直径较小的圆柱形筒体，中段为圆台状筒体，后段为轴向长度较短的圆柱状筒体。整个筒体内壁仍设有若干条螺旋导叶板，筒体外壁仍设有轮圈、滚圈、挡烟圈等部件。筒体结构改进后可多采用自然排湿，少用排湿机构。同时，由于改进后的筒体平均直径增大，平均长径比减小，筒体内水分容易散发，更加符合杀青工艺的要求。

3. 操作与保养 在杀青作业开始前（尤其在茶季开始前）应检查杀青机所有的传动部件和紧固件，使其处于完好状态，各润滑点应加足润滑油。除净筒内的焦叶和残叶及其他残物。不加热状态下开机试运转，如有异常情况，要及时排除。点火升温，随即开机转动滚筒，避免滚筒局部过热变形。同时将鲜叶盛满盛叶斗，待筒体呈暗红色或用红外测温仪测得前端桶壁温度达230 ℃以上即可上叶。应经常检查杀青机的出叶质量，如果杀熟度不足，应适当减少进叶量，如焦叶较多，应适当增加进叶量。

作业过程中如遇异常事故应立即退火或关闭加热装置，并尽快设法取出筒内的茶叶。待恢复正常后，应先清除筒内残叶，然后再投叶杀青。

杀青即将结束时即可提前开始退火或关闭加热按钮。杀青全部结束后，清除筒内残叶、焦叶，并清理机器工作面和周围环境。每个茶季结束，均应对全机做一次检查和检修，磨损严重的零件要更换。

二、蒸汽杀青机

蒸汽杀青是利用蒸汽的蒸热作用，使鲜叶酶迅速失活，促进多酚类转化，苦涩味降低，保持蒸青绿茶特有的“三绿”品质特征。

蒸汽杀青在短时间内使杀青叶达到80 ℃的酶活力临界温度，避免出现红梗红叶，也可使杀青叶变柔软，可塑性高，易揉捻，断碎率较低。蒸汽杀青时间短，耗能低，蒸青比炒青时间缩短20%，燃料节约15%~20%。

蒸汽杀青机分为纯蒸汽杀青机和热风蒸汽杀青机，其中纯蒸汽杀青机根据结构又可分为网带式和网筒式两种。

1. 网带式蒸汽杀青机 网带式蒸汽杀青机是名优绿茶杀青独创的新机种，以6CZS-0.5型常压网带式蒸汽杀青机为例，该机由网带、蒸汽发生器、机架、传动机构等组成。网带用1.5 mm不锈钢丝或镀锌钢丝编织而成，网带首段为上叶斜输送带，其上装有齿形匀叶器，使鲜叶均匀进入蒸床。蒸床上面设有蒸床盖，下面为蒸汽发生器，蒸汽发生器为一个方形水槽，内装有“U”形电加热管。后段为出叶段，为避免蒸青叶粘连在网带上，在两带转向下方处装有两只木质滚筒，表面嵌入螺旋棕刷，起扫叶作用。

工作时，蒸床的蒸汽温度升到90 ℃以上，开始投叶杀青，摊叶宜薄，避免芽叶重叠。网带通过蒸床的时间为75~90秒，杀青出叶后用风机吹风摊晾，散热和散失叶表水分。

2. 网筒式杀青机 日本的蒸青机采用网筒式结构，用100 ℃蒸汽进行蒸青，配套相应的设备生产煎茶。网筒式蒸青机由锅炉、给料机、蒸汽杀青机和冷却机组成。锅炉与杀青机有蒸汽管连接，给料机和冷却机相互独立，又相互作用。

给料机由输送带、主被动滚筒、匀叶器、带推动装置的上料斗及出料搅龙等组成。出料斗内安装搅龙，防止湿叶（下雨天等）堵塞，以保证物料均匀进入蒸汽杀青机。匀叶器可调，保证物料厚度均匀。输送带设离合器，合上离合器输送带移动，脱开仅搅龙转动，当蒸青机进料口被堵塞时，可脱开离合器，停止加料。上料斗带推动装置，由上料斗后部的一块活动板来回推动，保证叶子不搭桥，可增加鲜叶的翻滚效果，避免叶子发黄。

蒸汽杀青机由传动部分、内外机架、进气筒总成、搅杆、滚筒及托轮组等组成。筒体为网状，安装在悬挂架上，斜度可调，以控制蒸青时间。筒体外有蒸汽护罩，内有主轴，前端装有螺旋推进器，每隔45° 螺旋状焊接搅拌手。筒体与搅拌手用无级变速调节，同径向转动，筒体转速为6. 25~62.5 r/min，搅拌手转速为69.5~695 r/min。

工作时，燃油蒸汽锅炉产生的过热蒸汽通过蒸汽输送系统，以耐热胶管切线喷入滚筒体，鲜叶由输送带送入筒体，在螺旋推进器和搅拌手的作用下，茶叶呈半悬浮状态，并充分与蒸汽混合，迅速提高叶温，短时间内完成杀青，流出滚筒体，落入初干机（叶打机）迅速冷却，并除去蒸叶表面水分。

纯蒸汽杀青机利用蒸汽杀青，因温度较低，若处理不当会造成杀青叶变黄，同时蒸青叶含水量较高，导致香气不足。因此，浙江上洋机械有限公司将蒸青与中国绿茶加工工艺进行组合，研发出了一种保持蒸青的“三绿”优点的蒸汽热风混合型杀青机。

3. 蒸汽热风杀青机 蒸汽热风混合型杀青机也称汽热杀青机。汽热杀青机组主要由上叶输送机、蒸青装置、脱水装置、冷却装置、吹风、送叶装置、蒸汽热风发生炉和热风炉等构成（图3–8）。

上叶输送机选用茶机常用的上叶输送装置，将鲜叶送入蒸青室内。蒸青装置由箱体组成的蒸青室和通过室内的蒸青网带组成。网带用于摊叶，并带动鲜叶前进，下方设有进气管，蒸汽和热风混合气进入蒸青室，进行蒸青。脱水装置和冷却装置联为一体，共用一根网带，前半段用热风脱水，后半段用冷风冷却。所用热风，6CZS–50型由蒸汽热风发生炉供给，而6CZS–150型和6CZS–300型由单独的热风炉供给；冷却由装于后部的轴流式风机提供的冷风进行。

图3-8　蒸汽热风混合型杀青机

与其他蒸青机相比，蒸汽热风混合型蒸青机的特征，首先在于蒸汽热风发生炉的独特设计和蒸汽热风混合气在蒸青作业上的应用。如6CZS-50型蒸青机的蒸汽热风发生炉，前半段的蒸汽和热风用于杀青，后半段的热风用于脱水。蒸汽热风发生炉可同时产生蒸汽和干热风，并且以一定比例混合，用于蒸青。蒸汽为常压蒸汽，在混入热风后可使其温度提到120 ℃以上，蒸青时间大幅缩短，且蒸汽中混入热风，不仅使蒸青叶含水率比纯蒸汽蒸青的低，而且蒸青叶芽头成朵成个，色泽翠绿，香气也大为改善。

杀青叶经过脱水，可使含水率降至60%左右，真正做到短时高温蒸青、快速脱水，有利于后续揉捻工序的进行，并保证了蒸汽杀青与我国绿茶炒干、烘干工艺的良好结合。

蒸汽热风混合型蒸青机的工作原理和作业过程如下：当蒸汽温度达到120 ℃、热风温度达到130 ℃左右时，鲜叶由上叶输送机均匀送入蒸青室，落到蒸青网带上，并随网带的运行不断前进。由蒸汽热风发生炉送来的混合气，经网带穿透叶层，进行杀青。杀青时间30~50秒。由于蒸汽的穿透力强，热风温度高，可保证蒸青叶杀匀杀透，叶质柔软，保持翠绿，并除去青臭气，发挥出良好的香气。此后，蒸青叶被送往脱水装置的网带上，由热风炉经风管送来的130 ℃左右的干热风穿透蒸青叶层，杀青叶含水率被迅速降低到60%~62%，并由冷风对已完成脱水的杀青叶进行冷却。最后从网带后端掉入吹风送叶装置，由风机完成蒸青脱水的杀青叶吹出，并撒向前方的摊叶处。下一步则可进行各类绿茶后续工序的加工。

该机组可保证加工叶杀匀杀透，茶叶色泽翠绿，不产生焦叶，对消除我国绿茶存在的烟焦味有重大意义。同时，因蒸汽穿透力强，可除去夏秋茶的苦涩味，使绿茶滋味醇正。

三、微波杀青机

微波杀青机是我国近几年开发的杀青机（图3–9）。

图3–9　微波杀青机

1. 工作原理　微波是频率从300 MHz~300 GHz的电磁波，其方向与大小随时间做周期性变化，微波与物料直接相互作用，将超高频电磁波转化为热能。水分子是极性分子，能吸收微波，并在微波作用下，其极性取向随着外电磁场的变化而变化。例如，915 MHz的微波可使水分子每秒钟运动18.3亿次，水分子的急剧摩擦、碰撞使物料产生热化，做到内外一起加热，并且微波对物料有良好的穿透性，用于鲜叶杀青，可实现鲜叶内外酶的活力同时钝化，从而使杀青均匀，保证杀青质量良好。微波杀青机在各地茶区，尤其是四川、重庆、贵州茶区使用较普遍。

2. 微波杀青的优点

（1）鲜叶升温迅速：能瞬间穿透鲜叶，深度可达100 mm，数秒钟到数分钟就能把微波能转换为热能，使叶温迅速升高，钝化酶的活力。由于杀青时间短，受热均匀，能保持茶叶自然舒展，克服传统加热难以迅速、及时钝化鲜叶中酶活力的难点。

（2）加热均匀：传统方式加热往往利用热能形成高温区，然后利用热能的传导、对流和辐射作用，将热量传递给被加热的物体，很容易造成物料的局部过热或表层烧焦。而微波加热没有高温热源，不存在从高温到低温的温度梯度，从根本上避免了局部过热现象的发生，加热均匀。

（3）杀青质量好：微波加热具有热力和生物效应，能保存物料中的维生素、色泽和营养成分，制成的绿茶的氨基酸、维生素C含量增加，色泽翠绿，品质提高。

（4）节约能源：微波加热是电磁场对介质的加热，没有经过其他传热过程，因此微波与远红外加热相比，节约能耗30%~50%。

（5）清洁卫生：现有的杀青方法大量使用煤、木材等燃料，造成了大气污染，空气中的粉尘颗粒对茶叶造成了二次污染。名优茶杀青采用微波技术，可以提高茶叶的卫生质量。

3. 微波杀青机的结构　茶叶加工中使用的微波杀青干燥机，厂家不同，设备形式也有所差别，但其基本工作原理、结构、性能和作业效果基本相似。

常用的茶叶微波杀青干燥机由微波发生器的磁控管、波导传输器、干燥室、能量抑制器、排风和冷却装置、传输机构、电源及控制装置等部分组成。

（1）磁控管：磁控管是微波茶叶杀青干燥机的核心工作部件，它产生微波，并由波导传输器把微波能从磁控管耦合出来，然后送到谐振箱内对茶叶进行加热。

（2）干燥室：干燥室为连续多谐振箱式，即每只磁控管对应设立一只谐振箱，通过单个谐振箱的叠加组合，获得所需的加工功率，并可根据实际情况，对微波功率大小进行调节。谐振箱为一矩形箱子，用铝质材料制成，既可减轻重量，又可减少微波损耗和泄漏。谐振箱顶部开有微波能量输入口和排湿口。每只谐振箱都装有排湿风扇和冷却风扇，磁控管电路均采用冷风强制冷却。谐振箱正面有可开启的观察门，门上装有观察窗，作业时可观察谐振箱内的工作情况。

（3）能量抑制器：能量抑制器装于干燥室两端，防止微波的泄漏。

（4）传输机构：传输机构是由传动机构带动运行的无端输送带，用氟塑等织物制成，可耐500 ℃的高温，用于将茶叶送入干燥室内加热，运行速度可调。生产中常用的茶叶微波杀青干燥机输出功率为4~20 kW，其台时产量可达15~100 kg。

茶叶微波杀青干燥机在生产中有三种作业方式：一是用于杀青；二是用于二青和初干；三是用于干燥并灭菌。第二种方式常用于名茶加工，如在杀青后并经初步做形的基础上，配用微波茶叶杀青干燥机进行二青和初干能使杀青充分及减少茶叶水分含量，以利于下一工序的进行。

微波杀青机是推广较快的杀青机，杀青质量较好，也可与干燥机共用。不足之处是这类型的杀青机台时产量较低，仅适合名优茶加工或补二青等场合使用。

第五节 揉捻、揉切、做形机械

揉捻机是用来完成茶叶加工中揉捻作业的机械，其工序有两个目的：一是将杀青叶卷紧条索，利于干燥成形；二是适度破碎叶细胞，挤出部分茶汁，使干茶容易冲泡。对于红茶而言，还有促进发酵的作用。

一、揉捻机

茶叶揉捻机以结构形式分为单盘揉捻机、母子盘式连续揉捻机、三层盘叠装式连续揉捻机。以回转形式分为单动式和双动式，单动式揉盘不动，揉桶在盘上平面回转，双动式是揉盘和揉桶同时做相对运动。以加压方式分为杠杆配重式加压、单臂丝杆式加压、双臂（龙门、双柱）丝杆式加压，多数小型揉捻机采用的是杠杆配重式加压。

揉茶质量与揉捻机的结构有着密切的关系，特别是曲柄、揉盘、揉桶、棱骨等的合理性，是促进揉捻叶运动规律的形成和保证揉捻叶达到良好揉捻效果的重要条件。

1. 曲柄长度对揉捻运动的影响 揉捻机揉桶外径在揉盘表面上运动的最大轨迹圆的面积，称为揉幅。

在设计揉桶时，其直径是根据揉捻叶容量选择的。当揉桶外径确定之后，曲柄长度增加，揉幅随之增大，而揉捻重叠区缩小，揉捻叶回转速度加大，促使揉捻压强区及早形成，有利于揉捻运动。

然而，如果曲柄过长，则离心力增加，易造成机器运转不平稳，加速磨损，降低机器的使用寿命。因此，合理选择曲柄长度，是提高揉捻叶质量的重要因素之一。

2. 揉盘凹度对揉捻运动的影响 揉盘凹度是指揉盘外棱骨所在盘面的内倾角，即盘面与外缘平面的夹角。揉盘表面对揉捻叶的反作用力，是把揉捻叶导向揉捻强压区聚集成团的诸力之一。反作用力的大小和方向，与揉盘凹度倾斜角的大小和方向密切相关。只有揉盘向内倾斜，揉盘表面对揉捻叶的反作用力，才能指向揉桶强压区。根据实践与试验表明，揉盘凹度一般以4°~6°为宜。

3. 揉捻转速对揉捻运动的影响 揉捻机转速决定了叶团向上翻转的力以及叶团在揉盘上的滑动力。转速较低时，叶层下部运动形式与正常转速（50 r/min左右）时基本相同，若转速过低，则上部叶层只做上下摆动，很少有翻动的现象，且工作20分钟以后仍然处于这种状态。这是由于低速运转时，揉桶对叶层的挤压力太小，使得向上作用的分力随之减小，上部叶层振动减弱，叶子的重力难以克服摩擦力而不能下落，不能进行正常揉捻。但是，如果转速过高，则作用力过大，对揉捻叶会带来不利影响，造成碎叶扁条。

4. 棱骨对揉捻运动的影响 揉捻机棱骨对揉捻运动的影响一般表现在三个方面。一是棱骨做成弧形，其尾端部分的切线方向接近于该处揉捻叶的运动方向，所以叶团能顺着棱骨向揉盘中心移动，棱骨起导向作用。尤其在揉桶与棱骨间隙尺寸、揉桶与揉盘边沿间隙尺寸选择适当时，可消除“跑茶”现象。二是棱骨头部既大又粗，排列方向基本上与揉捻叶运动方向相垂直，所以工作时叶团必须翻过棱骨，才能继续运动。棱骨横截面做成弧形，使得叶团产生向上与向前的两个分力，从而起到揉捻作用。三是由于存在向上的作用力，且棱骨又是连续排列的，因此揉捻叶翻过棱骨的滚动运动也是连续的，同时会对上层叶产生振动作用，使上层叶子很快下落到揉桶下部进行揉捻。

研究发现，当无棱骨运动时，下部叶层在揉盘上只能滑行而难以翻滚，上部叶层振动也大为减少。由于揉桶运动，经过一定时间后，下部叶层也有一定的相对运动，但很缓慢。因此，叶子的翻滚旋转运动明显减少，“跑茶”现象也较正常状态明显增加，由此可以看出棱骨在揉捻中的重要作用。

5. 揉捻机的使用和保养

（1）揉捻机的使用：揉捻机的型号虽然很多，但其使用方法都大同小异。揉捻作业开始前，先清洁揉捻机，检查各部分螺栓及紧固件，如有松动，应及时紧固。打开揉桶盖装叶，装叶量切勿过多或过少，一般低于揉桶3~4 cm较为适宜。过多会造成揉捻叶在桶中压紧，不能产生揉捻运动；过少则正压力太小，又会影响揉捻运动的正常进行。

加盖揉桶盖，然后按揉捻工艺规定的时间和压力程度进行揉捻。杠杆配重式加压机构的揉捻机，是用滑块来加压的，重块离支点越远，加压就越重。加压时要注意锁紧滑块，防止受振动跳出而造成事故。螺栓加压的揉捻机，加压时转动手轮，使桶盖下降进行加压揉捻。

当茶叶揉好后，即放茶筐于揉盘下，再开启出茶门出茶，并清洁揉桶。作业完成后，应清洁揉捻机，特别是揉桶和揉盘，最后清洁工作面。

（2）揉捻机的保养：在制茶季节，每3~5天应对主轴曲柄轴承、从动轴曲柄轴承等处添加润滑油一次，对螺栓加压机构每周添加润滑油一次。润滑油不可添加过多，否则容易外溢污染茶叶。定期检查揉捻机传动胶带的张紧度，如过松要及时调整，否则易打滑而影响传动效率。每年茶季结束后，应对揉捻机（包括电动机）进行一次全面清洗和维修，更换已经损坏或磨损的零件，卸下“V”形带，妥善保管。

二、揉切机

揉切机械是用于红碎茶初加工的机械，红碎茶是为了适应国际市场需要从红条茶演变而来的一种茶类，其特征是外形细小呈颗粒状，茶味鲜爽浓烈，收敛性强，汤色叶底红艳（图3-10）。

图3-10　揉切机

红碎茶生产分传统制法和现代制法两种，两者虽然具体技术各异，但加工原理是一致的。传统制法是将普通盘式揉捻机的棱骨改为锐口棱骨（上有锯齿），并在棱盘中心设一金属圆锥体，加工过程中多次反复短时揉切，每次筛分取料。该方法因总揉切时间长，升温较高，制茶品质较差而逐渐被淘汰。现代制法是以揉切为主，强调强烈、快速，我国目前基本上都采用现代制法。常用的揉切机械有C.T.C.揉切机、转子揉切机及L.T.P.揉切机。

1. C.T.C.揉切机　C.T.C.揉切机又称为齿辐式揉切机。C、T、C分别是碾碎（cushing）、撕裂（tearing）、卷紧（curling）三个英文单词的缩写。这种机器1930年在印度阿萨姆由英国人W. Mckercher研制而成。1982年我国海南省南海茶厂引进整套C.T.C.制法的机械，正式开始我国C.T.C.红碎茶的生产。20世纪70年代末至80年代初期，我国开始制造C.T.C.类机，但尚未能大面积地推广。

C.T.C.制法红碎茶无叶茶花色。碎茶结实呈粒状，色棕黑油润，香味浓强鲜爽，汤色红艳，叶底红艳匀齐，是国际卖价较高的一种红茶。目前在许多国家和地区，C.T.C.机得到了很好的推广应用。

C.T.C.揉切机不太适用未萎凋和不经揉捻的叶子，也不易单独使用，往往与转子揉切机共同组合完成揉切工艺，其中用“转子揉切机 +（2~3）× C.T.C.揉切机”是肯尼亚、马拉维、印度等红茶生产国常用的工艺组合。用C.T.C.揉切机制造的茶叶与传统茶叶外形有很大的不同，其内在品质也较好，并且很少产生头子茶，精制和分级简单方便。

2. 转子式揉切机 我国于20世纪60年代初开始试制红碎茶（当时称分级红茶），使用的初制揉切机是传统的盘式揉切机。到了70年代初，江苏、广东、四川、贵州、湖南等先后研制出不同型号的转子揉切机，用于加工红碎茶。之后随着转子揉切机性能的不断改进和机种的完善与配套，红碎茶产品质量和效率等较盘式揉切机大有提高，因此转子式揉切机在全国茶区迅速推广应用，形成了一套适合我国国情、具有中国特色的红碎茶加工新工艺（转子机生产工艺），大大促进了我国红碎茶生产的发展，使红碎茶一跃成为我国重要的出口茶类。

（1）转子式揉切机的基本结构：转子式揉切机主要由转子、筒体、机架、动力传动装置四大部分组成。转子和筒体是作业部件。在机械行业标准《转子式茶叶揉切机》（JB/T 9810—2007）中规定，根据揉切机转子结构、作业功能特点不同，常分为两种：挤揉型和挤切型。其中，挤揉型揉切机的转子总成结构由螺旋送料段和螺旋挤揉切碎段组成，特征代号为“R”，挤切型揉切机的转子总成结构由螺旋送料段、揉搓段和切碎段组成，特征代号为“Q”。揉切机主参数为揉筒内径，标准型谱为15、20、25、30、35、40型，计量单位为 cm。揉切机型号主要由类别代号、特征代号和主参数三部分组成，型号标记示例为：6CR × – × × × ×。

筒体由两个对开的半圆筒体构成，筒体的内径尺寸为转子揉切机的型号参数，也是衡量转子揉切机生产量的一个重要参数。筒体由铸铁铸造，内衬为不锈钢板或铜板或者直接用不锈钢板卷制而成，筒体内镶有切条或导条，以帮助切碎茶叶。

动力装置一般由电动机、减速器、传动皮带、联轴器组成。电动机输出功率经V形带传至减速器，经增扭减速后通过联轴器驱动转子运转。转子是转子揉切机的关键部件，直接关系到机具的切茶效果和产品的品质风格。转子的结构形式有多种，它是划分机种类型的主要依据。

（2）转子式揉切机的使用和保养：揉切机均需安装于坚实平整的地面上；机器的电源线也应穿管暗敷，避免水蚀。

1）转子式揉切机的使用：每班使用时，机器开动前均需检查有无异物和松脱。开机试运转正常后，方可投入生产。投料应均匀，保持与生产能力相应的投入量。转子如发生返冒闷车现象，往往是投叶过多造成的，需停车打开筒体疏通后再生产。必须采取有效措施，如萎凋叶通过风力选别，以避免金属、石块、竹木等坚硬物进入机内，一旦发现，要立即停车排除。进茶结束后，应将机器再运转数分钟，使机内叶子全部排出后再停车。特别需要强调的是，机器运转时严禁将手伸入机内。一班工作结束后要对机器进行清洗。一季工作结束以后，除清洗干净以外，还要对易损部件拆开检查，发现损坏要及时更换。

2）转子式揉切机的保养：使用前，筒体铰耳油孔每班应加油一次。减速箱润滑油在开始使用一个月后应更换新油，以后每年更换一次。每班开工前应对减速箱的油面进行检查，不足时要及时添加。

生产过程中，随时检查电动机、减速箱、轴承的发热情况，电动机及轴承表面升温不超过65 ℃，减速箱油温不超过80 ℃。

每班工作完毕，应对各部件进行清洗，筒体内打开冲刷干净。每个茶季结束后，应对各部件进行彻底的清洁和维修。润滑部件应加润滑油。取下胶带挂起备用，电气设备应检查是否烧蚀，接触是否良好，线路有否损坏。此外大修后的机器，要按规定进行试车调试。

机器长时间不使用时，应做好防尘，防雨、防潮工作。

3. L.T.P.揉切机　中国土畜产进出口有限责任公司1980年从国外进口了L.T.P.茶叶揉切机进行红碎茶加工机械和工艺改革的试验，取得了明显的效果。

这是一种利用高速旋转的锤片和锤刀将茶叶击碎的机器，类似锤式饲料粉碎机，但无筛板，筒径有300、350、400、460和550 mm五种，锤片转速都在2 900 r/min以上。机器由筒体、转子、离心风机、电动机等组成。筒体内衬不锈钢，转子是关键部件，转子转轴上间隔叠装圆钢板，在钢板圆周上均布4个小孔，孔内穿小轴，轴上套装锤片和锤刀，每4片1组，在同一钢板间隔分布，共164片锤片或锤刀。

工作时，转子高速（5 000 r/min）转动，锤片和锤刀在离心力作用下伸直，其尖端产生很大动量将茶叶劈碎，叶细胞扭曲变形。在风机强大风压下，茶叶从进口端吸入，颗粒碎茶从出口喷出。L.T.P.锤切式揉切机也属于强烈快速揉切的类型，产品与利用C.T.C.揉切机加工的茶叶具有类似风格，作用时间短，产品色泽鲜绿，大小匀齐，但茶叶以劈碎为主，茶叶呈片状颗粒，叶组织损伤程度略低，香味浓强度不如C.T.C.红碎茶。

4. 揉切机械的组合应用　揉切机组是影响红碎茶加工工艺的决定性因素。上述揉切机各有其独特之处，单独使用难以达到最佳的品质状态，因此一般都采取几种揉切设备联装的方法，综合各类之所长，以求产品风格更趋国际化。C.T.C.揉切机组配备时，萎凋叶必须经过预处理，即初揉后再进入齿辗转子机加工。通常有两种方法：一是与盘式揉捻机（265型或90型）结合，组成“平揉–C.T.C.”揉切机机组；或者是与转子式揉切机组合，组成“转子–C.T.C.”揉切机机组。两种方法生产的产品风格也不一样。前者与传统风格接近，并可提毫；后者为现时标准的C.T.C.制法，产品以浓强鲜著称，易冲泡，是袋泡茶的适宜原料。

第六节　发酵机械

发酵的目的是让酶促反应顺利进行，形成红茶特有的品质。现有的技术措施都是为发酵创造良好环境，使生化变化朝有利的方向发展。

发酵需要有充足的氧气，并要在适温（气温25~28 ℃）、高湿（相对湿度90%以上）条件下进行。但发酵时酶促氧化放热，叶温升高，为保证品质，叶温不宜超过30 ℃。

目前国内各中小茶叶初加工厂多采用发酵室，发酵设备较为简陋，常使用发酵盘、发酵架等。国内外比较流行的发酵设施还有槽式、车式、床式和封闭式等，各种发酵设备或设施在设计时，都需要将供氧、控温和控湿作为重要因素进行考量（图3–11）。

一、发酵室

发酵室是进行发酵工艺的场所，一般采用土木建筑结构。传统条形红茶的加工工艺是一种间歇性的批量生产，要求在一定的温、湿度和能供给新鲜空气的发酵场所进行。发酵室的建造，要便于控制温、湿度，一般设置在多层厂房的楼下，以利于维持28 ℃左右的室温，位置接近揉捻和烘干车间。

发酵室地面为水泥混凝土，发酵设备应便于清洗和排水。发酵室采用双重弹簧门，防止日光直射，与外界隔热。室内安装喷雾器、风机和空气调节装置，保证发酵室具有一定温、湿度的流动空气。

操作时，将揉捻、解块分筛后的各筛号茶，分别摊在预先洗净的简易发酵框、发酵盘、发酵架或发酵平台上，摊叶厚度根据叶的老嫩、揉捻程度、气温高低不同而定，并依次放好，用标签注明级别、时间、批次、茶号等项目。室内温度控制在25~28 ℃，相对湿度保持在90%以上。

图3–11　发酵机

二、发酵设施

一般简易的发酵室可满足中小茶叶加工厂的发酵要求，但对于部分大型的茶叶初加工厂，就需要采用一些发酵设备，以使发酵能够清洁化、自动化和连续化。目前的主要发酵设施有槽式、车式、筒式、床式等发酵设备。

1. 槽式发酵设备　槽式发酵设备类似贮青槽，槽上放置发酵框，框底为金属编织网，将茶叶放入框内。槽的一端装有通风机和喷雾器，槽上放置风机和喷雾器，湿润空气经槽底通道均匀地透过叶层进行发酵，风量可通过风机前面的百叶板来调节。

每只发酵箱深度20 cm左右，装叶量27~30 kg，每条槽放置8只发酵箱。每5分钟将一个未发酵的箱子放入槽一端，同时从槽的另一端将经充分发酵的发酵箱送入烘干机。在印度阿萨姆季风期间，箱子进口的自然气温为27~30 ℃，从发酵箱排出的空气相对湿度通常达100%。叶温可从30 ℃上升到40 ℃。由于给叶子提供了充足的氧气，尽管叶温较高，却能生产出有明亮汤色的茶叶来。

2. 车式发酵机　车式发酵机原用于红碎茶发酵，也可用于条形红茶的发酵。主体装置的发酵车，是一箱体上口大、下部小的可推行小车。发酵车是一呈梯形的小车，上边1 000 mm × 700 mm，下边700 mm × 400 mm，高500 mm。在箱体内的下部，搁置一块孔径为4 mm的不锈钢多孔透气板，板上装茶，板下为风室。风室通过风管可与供风系统出风管相接。

作业时，将揉捻叶投入发酵车内，然后将发酵车推至供风系统前，使发酵车进风管与供风系统的出风管口相接，开启供风系统的出风管阀门，温度22~25 ℃、相对湿度约95%的湿空气便进入发酵车风室，并通过多孔板鼓入箱体内，穿透茶层，使加工叶发酵。湿空气鼓入，可起到供氧、增湿、降温作用。发酵车每车可装100 kg，每套供风系统可连接发酵车20~30台或者更多。这种设备的优点在于可按生产者的需要供给最适条件的空气，运行费用低，并节省场地。这种设备目前在各产茶国应用十分广泛。

3. 筒式连续发酵设备 该发酵设备的工作机构为一直径2 m、长6 m的圆筒体，出口端呈锥形，在圆锥中心孔处装有风机。锥体上有8个长方形孔，方孔有利于将茶团击散。下面接一台输送机，输送机上置一振动筛。圆筒体用托轮支承，经传动圈拖动，以1 r/min转速转动。进料输送机将茶叶送进筒内，启动风机将湿空气吹入筒内，供茶叶发酵。茶叶在筒体内导板的作用下缓缓前进，当发酵适宜时，经出口处的方孔卸出；卸出的茶叶落在振动筛上，输送机将筛下的茶送至烘干机；筛面团块茶经解块后烘干。这种发酵设备生产的红茶鲜爽度较好，且投资省，占地面积小。

4. 床式发酵设备 床式发酵设备包括透气发酵床、匀叶器、清叶器、风室、通风管道及气流调节阀等。工作时，揉切叶经上叶输送机均匀地送到发酵床面，启动风机和喷雾机，风机将潮湿的空气送到风室，然后被强制通过百叶板的孔穿透茶叶进行氧化作用，并带走热量及废气。气流方向视设计不同而有所不同，有的采用两侧进风，也有的采用前段吸风、后段吹风。茶叶在床面停留时间由无级变速机构调节，可以从几十分钟到2小时变化，视发酵条件调节时间长短。在整个发酵过程中，叶子可翻动若干次，一般3次，使整个叶层均匀发酵。该机特点是发酵均匀，叶底红匀明亮、品质稳定，便于连续化生产。

5. 不锈钢网带式多层发酵设备 不锈钢网带式多层发酵设备被多数茶机生产公司的工夫红茶连续生产线所使用，主要结构由链斗输送机、铺叶输送机、发酵主机、蒸汽发生器（锅炉）、超声波加湿器和电加热风机以及电气程序控制系统等组成。箱体有密闭式和敞开式两种。密闭式侧面装有观察窗，箱内装有三层或五层循环式不锈钢网带，由上叶输送带自动摊料。增湿使用蒸汽炉产生的蒸汽，通过布置于箱体内每层网带上方的管道，蒸汽通过管道喷孔呈伞形对发酵叶喷射。在主设备两侧设置可调节大小的风门，用于自然通风，顶部装排湿风机，使气流对流。敞开式需定做玻璃密闭房，采用超声波加湿器和风机管道系统通入冷风或热风，从而控制温湿度。作业时，发酵温度一般控制在25 ℃左右，相对湿度在95%以上。春茶气温低，发酵时间一般控制在90分钟左右；夏秋茶气温高，采用冷风发酵供氧，一般控制在30~60分钟。

如果喷湿冷空气，该机还可以作为鲜叶的贮青设备使用。

6. 塔体吊篮式发酵设备　塔体吊篮式发酵设备是浙江绿峰机械有限公司开发的新产品。将4只不锈钢网吊篮并成四篮连体，装在一只塔体箱体内，通过风送系统将揉捻叶从上部送入每只吊篮内，并由自动加湿装置对箱体内加湿，由风机将电热装置加热或不加热的气流强制送入箱体内，从而实现自动加湿、排水、解压等，使吊篮内的揉捻叶在温度25 ℃左右、相对湿度95%以上状态下实施发酵。完成发酵，打开吊篮下部闸门，发酵叶即可落入下部的振动输送槽上，被送往机外。

第七节　干燥机械

干燥机械即烘干机，烘干机包括主机、加热器和鼓风机三个部分。

茶叶烘干机主机都采用常压式，热空气由下向上运动，顶部敞开。按设计不同，烘干机可分为自动链板式、手拉百叶式和振动流化床式（也称沸腾式）等多种，此外还有一些适合名优茶整形干燥的烘干机。其中，自动链板式烘干机应用最多，国内以杭州茶机机械总厂、绍兴茶机机械总厂生产的6CH系列为代表。手拉百叶式烘干机适用于小型茶厂。流化床式工作时茶叶沸腾状悬浮在箱体中，适用于红碎茶的烘干。

1. 自动链板式烘干机　自动链板式烘干机是由输送装置把待烘茶叶送入干燥室内，在规定的时间内由上而下地自动进行，完成烘干过程。较成熟的有6CHBZ-10、6CHBZ-16、6CHBZ-25等型号。

（1）结构：以6CHBZ-16型烘干机为例说明，该烘干机由上叶输送装置、烘箱转动变速装置、送风装置及热风发生炉等部分组成。

1）箱体：箱体是用角钢和薄钢板制成顶部敞开的长方形箱体。箱体前方配有上叶输送带，前下方设有出茶轮，后下方与热风管相连，两侧装有检视门。箱内装有三组百叶板，6CHBZ-16型第一组百叶板与上叶输送带的百叶板，连成一条循环回转链。百叶板上密布孔眼，热空气通过孔眼干燥茶叶。每块百叶板的一端做成轴套状，套内穿过心轴。心轴两端轴颈伸出套在曳行链上，曳行链由安装在烘箱两端的链轮所支持。当链轮转动时，箱内三组百叶板都跟着运行。

每组百叶链的上下层之所以能同时摊放茶叶，是因为烘箱两侧壁各有一条用角钢制成的搁板，百叶链在搁板上水平滑动，当某一百叶板运行到箱体一端有两个百叶板宽度，没有设搁板的缺口，百叶板因自重而转为垂直状态。茶叶也随之落到同一循环链的下层。如此茶叶一层层下落，直到最后一层百叶链的下层，到烘箱前下端的出茶轮上，间歇性地排出机外。

2）传动系统：传动系统由电动机、三相并联脉动无级变速器组成，扩大了整机的全程烘茶时间和无级调速范围，能满足一次烘干的要求。转动变速装置的输出动力由套筒滚子链传给烘箱中的烘板。

3）上叶输送装置：这是一条与地面成30°倾角的输送带，带前设一加料台，待烘茶由此上输送带，带中部设可调节茶叶摊放厚度的匀叶轮，依靠链条带动反向旋转，将输送带上超过厚度的茶叶刮回到加料台。

输送带的百叶链板由冲孔的百叶板组成。6CH系列烘干机输送带的供热方式分两种。6CHBZ-10、6CHBZ-16型输送带与烘箱连成一体，热风由第一组百叶链板下的空间进入输送带；6CHBZ-20型和6CHBZ-50型烘干机输送带供热，有其单独的风机和管道。加热时由输送带的基部进入，茶叶刚上到输送带因热风温度较高，故能迅速抑制酶的活力。

4）送风装置：烘干机的鼓风设备由离心风机和风管组成。离心风机将热风炉所产生的热空气吸进风机，压向烘箱。连接热风炉和风机的管道称吸风管，管上设有冷风门以调节冷空气进入管的流量，保持烘干机所需的温度。风机出口到烘箱的连接管道为压风管。为了达到分层进风的目的而设计的压风管，外形仍采用方形喇叭口，其高度略低于烘箱的高度。在压风管内部设有三块分风板，分别连接在三根轴上。轴的一端伸出管外装有调节手柄，转动各手柄能分别调节烘箱内各组链板之间的风量。

5）热风发生炉：与茶叶烘干机配套使用的加热器一般是蒸汽锅炉和热风发生炉，尤其是后者使用较为广泛。各地使用的炉子在结构参数上都有些差异，但基本原理和结构是相同的。目前与茶叶烘干机配套的热风炉以横火管式为主，其次是无管式热风炉。

热风炉横火管式为管内壁放热，外壁加热。冷空气通过炉管吸收热量，用风机将热风鼓到烘箱内进行干燥，炉内用内径100 mm的铸铁管两排，内径60 mm炉管四排，呈差列式排列。冷空气自进风口进入预热室，通过各排炉管最后进入热通道，由鼓风机鼓入烘箱。这种热风炉具有结构简单、造价较低、维修方便等优点，但炉体的蓄热能力大，热风急转弯的次数较多，加上烟尘在炉管四周的沉积，换热效果较差。此外，直接受高温辐射的底层炉管高温段达700 ℃以上，大大缩短了炉管的使用寿命。

无管式热风炉由5层不同直径的金属筒体组成。冷空气从外缘进入炉内，通过烟火回路夹层，再从炉顶进入受火焰直接燃烧的弯头，由风机将热风压入烘箱。这种热风炉的主要优点是炉子自身的热效率较高，结构简单，清灰方便；其缺点是耗用金属多，造价较高，炉内直接受高温辐射的弯头部分易烧损。

（2）使用与操作：机械安装完毕后，首先检查调速电动机的运转方向，确认输出链轮转向正确才可套链条，并调整中心距使链条松紧适度；反转则会严重损坏机械。使用前必须清机，擦去烘板表面的油迹污垢、清除杂物使之不影响机械运转，避免物料污染。检查各部位连接螺栓、螺钉的紧固情况，检查调整各压紧轮，保证其处于正常工作位置。检查调整各层烘板使之处于正确翻转方向，不得有反转现象。检查调整各层烘板曳引链及集料器曳引链，保持正常松紧状态。按润滑图中的润滑点加足润滑脂。完成上述准备工作，确认机械正常可进行试运转，并在试运转过程中再次观察有无异常情况，确认无误方可投入使用。

（3）维护与保养：机器运行中应经常检查各部位连接螺栓螺钉的紧固情况、链条的松紧及压紧轮的工作情况、烘板曳引链的松紧情况，并随时调整。经常检查烘板的工作位置，不得有移位、卡住和倒置情况。运行中出现不正常的冲击、振动、噪声应立即停机检查，找出原因并排除。机器运行中应经常检查电动机、减速机及各传动装置轴承的温升情况，轴承温升不得超过30 ℃，减速机温升不得超过40 ℃，电动机温升不得超过50 ℃。定期给各润滑点加注润滑油。定期检查各传动部件、易损件的工作情况，及时修复或更换。

2. 盘式烘干机 盘式烘干机可应用于毛峰茶、卷形茶、针形茶的烘干与整形工作。该机由热风炉、烘床、料斗等部分组成。以6CH-941型碧螺春烘干机为例，该机烘床是一长方体烘箱，一端连接热风入口。烘箱上方有3~5个出风口，上设调风门，可以调节出风大小。出风口上端是一圆盘式料斗，料斗中有一个40目的不锈钢网（25.4 mm × 25.4 mm），可用于盛放茶叶。茶叶在热风作用下均匀失水，同时，可以采用人工搓条或搓团的手法，完成针形茶或卷曲形茶的整形（图3-12）。

（1）操作使用：使用前检查各紧固件是否紧固可靠。清理烘茶盘、风道，保持其清洁卫生；装配好烘焙机（包括热风炉、风机）于平整地面上；电源电压必须与风机电压相符；启动风机检查风机运转是否平稳、转向是否正确；燃气式热风炉使用液化气钢瓶时须连接适用的减压阀，用适用的气管连接本机接口。烧热金属热风炉，为保证温度均匀、稳定，柴煤式热风炉烧火添加燃料应少加、勤加；从点火开始10~15分钟，启动风机，供送热风，至风温到烘茶所需温度；将待烘茶叶均匀摊放在烘盘上进行烘焙。根

图3-12　盘式烘干机

据茶类和工艺情况，在烘期间适时进行翻动，有利均匀失水，提高烘焙效率。对于直毫型的曲毫茶（如碧螺春茶）烘焙，可边烘边焙边搓毫。烘焙结束，柴煤式热风炉应先撤灭炉火，清除余火、炉渣，燃气式关闭气阀总气源，等热风降至50 ℃以下，方可停止风机，以防热风炉炉体变形受损，影响使用寿命。

（2）维护保养：烘茶盘上禁放重物，燃气式热风炉须关闭总气源，并检查进气管有无破损，如有破损立即更换，确保安全；严禁油污污染烘焙机风道、烘茶盘；每批茶加工结束，应将烘茶盘打扫干净。茶季结束后，罩上防尘罩，放置于通风干燥处。

3. 微波烘干机　该机特别适合于含水率10%~30%的茶叶在制品的烘干。微波频率为915 MHz、2 450 MHz。该机包括控制台、加热烘干装置和原料输送机构。加热烘干装置为单元微波加热箱，单元微波加热箱的两端有口，控制台控制原料输送机构通过开口穿过单元微波加热箱，位于两端的开口分别作为进料口和出料口。茶叶送入微波干燥箱时，茶叶中的水分在微波电磁场中因急速转向而摩擦发热，促进茶叶升温失水。

4. 远红外线干燥机　远红外辐射波被茶叶吸收后，可直接转化为热能。茶叶在远红外线的照射下，光热化学反应速度快。预热温度为200~240 ℃，生产率为250~300 kg/h。

茶叶从进机到出机，仅需70~80秒。为使湿热空气及时排出，该机设有排风装置。远红外线干燥机具有热效率高、干燥时间短、效果明显、香气较透发等特点（图3-13）。

图3-13　远红外线干燥机

5. 烘焙提香机　烘焙提香机是名优绿茶、乌龙茶精制中常用的提香烘焙设备，整机呈立柜式，又称柜式烘焙机或立式烘焙机。该机包括机体、电气控制部、电加热器、电动机及离心风机等，其机体由左、右侧板分隔开。右侧板与机体之间形成正压仓。左侧板与机体之间形成排气仓。左右侧板之间设若干个隔挡，形成烘焙提香仓。左右侧板上分布若干个孔眼。机体内壁设有内胆，内胆与机体之间设有保温层，且在机体上端设有循环冷风口、冷风补充口和排湿口。

工作时，电加热器横置于离心式风机的前端，给离心风机源源不断地提供热空气，离心风机将通过电加热器产生的热能吸入热空气压缩增压后送入右侧板与内胆之间的热风道，正压仓中的热空气通过右侧板上的孔眼向烘箱内提供循环的均衡的热空气。水汽受热膨胀后，通过排湿口排到机外。热空气在烘箱内与茶叶发生作用后又通过左侧板上的孔眼流入排气仓，同时又有部分湿热空气透过各层茶叶后从排湿口排出。在排气仓中，气压逐渐下降，到达电加热器处气压接近零，此时的热空气和由进气管外充入的冷空气一道，经过电加热器的加热后提供给离心风机开始下一轮循环。烘焙提香仓中的茶叶即在干热空气的循环作用下更干燥、更清香。

第八节　解块筛分机械

茶叶初加工过程中，揉捻作用使揉捻叶粘连在一起，会对茶叶品质和后续工艺造成障碍，如外形大小不一、干燥不匀现象。因此，一般在揉捻后要将叶子及时解块。其中，茶叶解块分筛机就是用于揉捻叶解块、分筛的。它将揉捻时所产生的茶团打散，降低揉捻叶的温度，防止叶子发热变质，同时通过分筛达到茶叶粗、细的初步分级。特别是红条茶和红碎茶，区分揉捻叶、揉切叶的粗细尤为重要。

解块分筛机按茶类可分为绿茶解块分筛机和红茶解块分筛机。两者的区别在于筛孔的大小，绿茶解块分筛机筛孔一般为2个，红茶解块分筛机筛孔一般为3~4个，其基本结构相同。

一、基本结构及工作原理

解块分筛机有木制、铁制及铁木结构等几种，目前使用的解块分筛机多为铁制，其主要结构有进茶斗、解块箱、筛床、传动机构及机架等。

解块分筛机在茶叶初制中所起的作用是很重要的，其作用有解块、降温和初分。解块是利用解块轮的旋转作用击散成团的茶叶，利用筛床本身的倾斜度及曲轴所产生的振动作用，使茶团跳离筛床而被振散。茶叶粗细的分级工作，是依靠采用不同大小的筛网进行的。有的国家采用平面圆筛机进行筛分作业，效果也比较好。这是因为叶子很少直立通过筛网，筛下茶叶中混入较长叶子的机会较少。

二、使用和保养

作业前，检查机器是否正常，特别是螺栓等是否紧固。打开防护罩，添加曲轴轴承的润滑油。检查电动机是否安全可靠，注意清除遗留在筛床上的工具及杂物。在筛床出茶口下方放好接茶工具。启动电动机，将待解块的茶叶送入进茶斗解块。待解块分筛作业完成后，关闭电动机，清理筛网上的积茶和清洁工作面。

定期添加各润滑点的润滑油，定期清洗解块轮及筛网。茶季结束以后，对机器进行一次全面检查，清洗电动机的轴承和曲轴轴承，调换和调整过松的胶带和筛网。

第九节　风选、色选机械（拣别机械）

一、风选机

风选作业是茶叶精制工艺中定级取料的重要阶段，而风选机就是利用茶叶的重量、体积、形状的差异，借助风力的作用分离定级，去除杂质的重要设备（图3-14）。

图3-14　风选机

1. 风选机工作原理　经过筛分后的茶叶，已成为外形基本相同的筛孔茶。但由于茶叶老嫩不一，重量不同，体积、形状各异，其迎风面大小也有区别。细嫩紧结、重实的茶叶迎风面小，在风力的作用下，落程短，落点较近；身骨轻飘的茶叶及黄片等迎风面大，在风力的作用下，随风飘扬，落点较远。

2. 风选的作用　通过风选作业，能将品质不同茶叶分开，从而达到轻重一致的定级标准，同时沙、石、金属等夹杂物也能从中分离出来。

风选分剖扇和清风两个步骤。剖扇又有毛扇和复扇之分。毛扇是将轻重不同的茶叶初步分离出来。复扇是在毛扇的基础上再进行一次精分。清风是在拼堆前再用风力将轻片、毛衣等扇出，以保证拼堆茶的匀净度。

3. 风选机的分类　风选机按结构、工作特点分为吹风式和吸风式两种，特征代号分别为“C”和“X”，其工作原理基本一致。两种风选机不同之处在于，吹风式风选机的风机安装在机器的前端，向机内送风，茶叶处在正压状态下被吹向远处，故又称送风机。吸风式风选的风机置于机器的尾端，向机内吸风，茶叶处在负压状态下，被气流吸向风机，又称拉风机。

风选机主参数为风选箱有效宽度，计量单位为cm。风选机型号主要由类别代号、特征代号和主参数三部分组成。例如，杭州富阳茶叶机械总厂生产的风选箱有效宽度为50 cm，经过一次改进的吹风式茶叶风选机表示为6CFC-50A。

吹风式风选机的风力可以调节，既可用于剖扇，又可用于清风。吸风式风选机因风力较强，风量大、风速高、气流稳定性较差，故目前较少使用。

4. 风选机的基本结构 以吹风式风选机为例，风选机主要由吹风装置、喂料装置、分选箱和输送装置等部分组成。

吹风装置由电动机、“V”形带传动、离心式风机、导风管等组成。离心式风机具有风压小、风量大、噪声低等特点。风机两侧进风口处设有调节风门，可以调节风量和风速，以适应不同的工艺要求。

有的风机改“V”形带传动为无级变速传动，通过手轮调节以改变风机叶轮的转速，从而达到改变风量和风速的目的，使之用途更广。风机的转速一般为500~700 r/min，最大风量约为5 000 m^3/h，风速为6~12 m/s，风压为588.4~882.6 Pa。

风机出口到分茶箱间用“S”形导风管连接，导风管出风口处设有导风板，工作时通过调节风向导角20°~30°，可使气流平稳均匀。

喂料装置有机械振动喂料与电磁振动喂料两种形式。机械振动喂料装置与振动输送相同，而电磁振动喂料装置是由通电线圈产生脉冲磁场与弹簧钢板互相作用，使喂料盘产生有规律的高频振动，当茶叶经输送带送入喂料盘后能均匀铺摊，并缓缓落入分茶箱的进茶口。

分茶箱是一个长方形箱体，用薄钢板制成。进茶口设在分茶箱前端顶部。分茶箱一般设有4~6个出茶口，每个出茶口在箱内均设有分茶隔板，隔板的高度可灵活调节，以控制风选取料的规格。

二、茶叶色选机

茶叶生产过程中，拣梗是一项特别消耗劳动力的作业，特别是名优茶和高档绿茶等，鲜叶嫩度好，成茶梗叶差别小，对拣梗机的性能要求严格。以往生产中所常用的阶梯式拣梗机、静电拣梗机，使用效果均不理想，目前茶区主要依赖人工进行拣梗作业。当前，茶区劳动力越来越紧张，拣梗作业已成为茶叶加工的瓶颈之一。茶叶色选机的出现，很好地解决了名优茶拣梗难的问题（图3-15）。

图3-15 色选机

1. 主要结构 茶叶色选机是一种应用电脑技术和色差测定技术相结合而完成茶叶拣梗作业的高技术、高精密度设备，主要由送料器、茶叶摄像用彩色CCD镜头、用于去除茶梗等异物的摄像镜头、荧光灯、电磁送风和吹气系统、茶梗和茶叶出料口、机架与罩壳和控制系统等组成。

送料器是将需要拣剔的茶叶送入拣梗机的装置，合肥美亚光电技术有限公司的茶叶色选机产品采用两套相互垂直喂料系统和平板滑道，使被选物料更加均匀地下落。茶叶摄像用彩色CCD镜头，实际上是一种使用色差感应的系统，收集茶叶色彩信号，输入电子计算机，由电子计算机发出信号指令，彩色CCD镜头对茶叶进行摄像，所摄影像则输入计算机。同样，去除茶梗等异物的摄像镜头也是利用高精度的色差感应系统收集茶梗色彩信号，然后输入计算机，由计算机发出信号指令，使彩色CCD镜头对茶梗进行摄像，并将所摄影像输入计算机。荧光灯则为镜头摄像提供光源。

电磁送风和吹气系统在接到电子计算机发出的指令后，通过该系统的电磁喷嘴吹出强风，把茶梗从含梗的茶叶中吹出，茶叶和茶梗分别通过茶叶和茶梗出料口排出机外。该机控制系统采用一种简洁的触摸键操作平台，大屏幕宽视角彩色显示屏和友好的用户界面，实现人机对话，可以方便地将各种要求的色选精度调整至最佳状态。

机架与罩壳使整个机身全封闭，抗干扰能力强，各项设计充分考虑工学合理性，整机人性化设计，使操作更加简洁、方便。

2. 工作原理 茶叶色选机采用DSP技术和数码技术，并采用一种色选精度很高、可靠性好的色差感应系统，有包括黄绿同选等在内的5种色选方式可供选择，做到一机多能。同时，除具有色选传统茶叶物料外，还针对条状和片状物料进行特殊算法处理，从而扩大色选范围，通过两次采集、处理和色选，使色选精度大大提高，使用快速图像修正和通道均衡技术，提高精度，降低损失。

现以绿茶拣梗为例，进行茶叶色选机的拣梗原理说明。在进行绿茶拣梗时，其色差测定系统对茶叶色泽组成参数进行测定，从而得出茶叶色泽偏绿或偏黄的程度。一般情况下，“a*”值表示茶叶色泽偏绿的程度，“b*”值表示茶叶色泽偏黄的程度，“L”值代表茶叶的明亮度。而所有名优绿茶的茶条和茶梗颜色存在颜色差别，即色差，一般茶条色泽绿翠，而茶梗色泽偏黄。故色差测定系统进行测定时，色泽偏绿的茶叶，“a*”值也就偏大，即茶条越嫩，“a*”值就越大，满足一定要求的茶叶会被装有绿色色彩信号色差感应系统的茶叶摄像用彩色CCD镜头所捕捉，并进行摄像，然后将所摄影像输入电子计算机，通过计算发出指令，使茶叶通过茶叶通道进入第2次拣梗或排出机外。而一般情况下茶梗偏黄，“b*”值偏大，茶梗越老、色泽越黄，则“b*”值就越大，则更容易被装有黄色色彩信号的高精度的色差感应系统捕捉和收集，输入电子计算机，由电子计算机彩色CCD镜头发出信号指令，对茶梗进行摄像，同样将所摄影像输入电子计算机，通过计算发出指令，使控制送风机运转的电磁阀接通，送风机运转，高压空气通过管道和喷嘴吹出强风，把茶梗从含梗的茶叶中吹出，通过茶梗通道和茶梗出料口排出机外，从而完成拣梗作业。

为了使被选茶叶物料均匀地下落，该机采用了两套相互垂直喂料系统和平板滑道式送料器，并采用了一种简洁的触摸键操作平台，大屏幕宽视角彩色显示屏和友好的用户界面，可根据上拣叶的不同状态将色选精度方便地调整至最佳状态。

第十节　蒸压茶机械

蒸压茶机械主要包括进茶斗、蒸茶品、压砖机等。

一、进茶斗

进茶斗用薄钢板制成，是一个喇叭形的漏斗，斗高1 m，上口80 cm × 80 cm，下口

30 cm × 30 cm。进茶斗与蒸笼相连接，蒸笼高1 m，口径一般为30 cm × 30 cm。蒸笼壁上钻有许多蒸汽通孔，孔径为2.5 mm，孔距3 cm。蒸汽通道包裹在蒸笼外边，与蒸笼壁之间的空隙为5 mm。出茶器的直径为60 cm。出茶器内设有4片的叶轮，叶轮逆时针方向旋转，转速为48 r/min。

二、蒸茶器

蒸茶器由进茶斗、蒸笼、出茶器等部分组成。当半成品茶从进茶斗徐徐落入蒸笼后，蒸汽通过蒸汽通道，经通气孔进入蒸笼而蒸软茶叶。蒸汽通过叶层后由进茶斗排出。茶叶在蒸笼内停留时间的长短由出茶器控制。出茶器转速快，茶叶在蒸笼内停留的时间就短，反之则长。出茶器具有密封作用，以防止空气倒流。

三、压砖机

压砖机是将蒸茶器蒸软的茶叶压制成形的机具。常用的压砖机有蒸汽压砖机、螺旋压砖机等。

1. 蒸汽压砖机 蒸汽压砖机的工作原理与螺旋压砖机相同，不同之处是改用蒸汽作为动力，蒸汽压力推动活塞上下运动，从而带动压板上升或下压。压板的上下行程为20 cm，向下压砖时的压力为30 t。蒸汽压砖机由气缸和活塞等组成。

活塞连接压板，蒸汽由气门控制。当气门中的气阀向上运动时，蒸汽则从气门下部的进气管进入气缸下部，推动活塞向上运行，而活塞顶部的蒸汽则通过气缸上部通气管从气门中部的出气管排出。当气门中的气阀向下运动时，蒸汽则从气门上部的进气管进入气缸上部，推动活塞向下运行，而活塞下部的蒸汽则通过气缸下部通气管从气门中部的出气管排出。活塞的上下运行，带动压板上升或下降。

2. 螺旋压砖机 螺旋压砖机是由螺旋杆、摩擦轮、压板和机架等部分组成的。

螺旋杆为方牙螺杆，其下端连接铸铁压板。压砖时，在压板与机座之间放入装好的茶叶再与套箱进行压制。螺母与中间的摩擦轮固定在一起，旋转时，螺母则带动丝杆上升或下降。两个主动摩擦轮相对固定在主动轴上，主轴的左端设有离合器，既能使主轴左右移动，以保持一对摩擦轮的结合，又能使两个主动轮同时与中间轮分离，使压板保持不动。在主动轮转向保持不变的情况下，变换主动摩擦轮与中间摩擦轮的结合，可改变螺母的转动方向，使方牙螺旋杆能上下运动，从而带动压板上升或下压。压板上下行程为30 cm，向下压砖时的压力为28 t。摩擦轮用铸铁制成。方牙螺杆用45号钢制成。配用电动机功率为28 kW，电动机转速为1 450 r/min。

参考文献

［1］安徽农学院. 制茶学［M］. 北京：中国农业出版社，1989.

［2］施兆鹏. 茶叶加工学［M］. 北京：中国农业出版社，1997.

［3］王镇恒，王广智. 中国名茶志［M］. 北京：中国农业出版社，2000.

［4］陈宗懋. 中国茶叶大辞典［M］. 北京：中国轻工业出版社，2012.

［5］白堃元. 茶叶加工［M］. 北京：化学工业出版社，2007.

［6］金心怡，陈济斌，吉克温. 茶叶加工工程［M］. 北京：中国农业出版社，2003.

［7］刘新，傅尚文. 名优茶加工机械［M］. 北京：金盾出版社，2005.

［8］马海乐. 食品机械与设备［M］. 2版. 北京：中国农业出版社，2012.

［9］权启爱. 茶叶加工技术与设备［M］. 杭州：浙江摄影出版社，2005.

［10］徐正柄. 中国名优茶加工技术［M］. 北京：金盾出版社，2011.

［11］骆耀平. 名优茶叶生产与加工技术［M］. 北京：中国农业出版社，2007.

［12］崔建云. 食品加工机械与设备［M］. 北京：中国轻工业出版社，2018.

［13］王双喜. 设施农业装备［M］. 北京：中国农业大学出版社，2010.

［14］龚自明，郑程鹏. 茶叶加工技术［M］. 武汉：湖北科学技术出版社，2010.

［15］邵鑫. 茶叶机械［M］. 北京：中国农业出版社，2011.

［16］宛晓春. 茶叶生物化学［M］. 3版. 北京：中国农业出版社，2008.

［17］丁为民. 园艺机械化［M］. 北京：中国农业出版社，2020.

［18］林金科. 茶叶深加工学［M］. 北京：中国农业出版社，2012.

［19］肖旭霖. 食品机械与设备［M］. 北京：科学出版社，2006.

［20］唐林. 机械设计基础［M］. 北京：清华大学出版社，2008.

［21］金心怡. 茶叶加工工程［M］. 2版. 北京：中国农业出版社，2014.

［22］罗学平，赵先明. 茶叶加工机械与设备［M］. 北京：中国轻工业出版社，2015.

[23] 罗列万，唐小林，叶阳，等. 名优绿茶连续自动生产线装备与使用技术［M］. 北京：中国农业科学技术出版社，2015.
[24] 夏涛. 制茶学［M］. 北京：中国农业出版社，2016.
[25] 许嘉璐. 中国茶文化文献集成［M］. 北京：文物出版社，2016.